智元微库
OPEN MIND

成长也是一种美好

Raus aus Schema F

Das innere Kind verstehen, Verhaltensmuster ändern
und neue Wege gehen

0次与 10000 次

如何创造全新的人生脚本

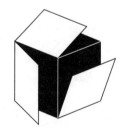

［德］吉塔·雅各布　著

蔡清雨　译

人民邮电出版社

北京

图书在版编目（CIP）数据

0次与10000次：如何创造全新的人生脚本 /（德）
吉塔·雅各布著；蔡清雨译. -- 北京：人民邮电出版
社，2021.10
ISBN 978-7-115-57177-9

Ⅰ. ①0… Ⅱ. ①吉… ②蔡… Ⅲ. ①人生哲学－通俗
读物 Ⅳ. ①B821-49

中国版本图书馆CIP数据核字(2021)第163370号

版 权 声 明

- ◆ 著 ［德］吉塔·雅各布
  译 蔡清雨
  责任编辑 张渝涓
  责任印制 周昇亮
- ◆ 人民邮电出版社出版发行 北京市丰台区成寿寺路 11 号
  邮编 100164 电子邮件 315@ptpress.com.cn
  网址 https://www.ptpress.com.cn
  天津千鹤文化传播有限公司印刷
- ◆ 开本：880×1230 1/32
  印张：10 2021 年 10 月第 1 版
  字数：185 千字 2024 年 12 月天津第 20 次印刷
  著作权合同登记号 图字：01-2021-1731 号

定 价：59.80 元

读者服务热线：（010）67630125 印装质量热线：（010）81055316
反盗版热线：（010）81055315
广告经营许可证：京东市监广登字20170147号

从出生到死亡，人们一直在书写自己的人生故事。

从呱呱坠地的那一刻起，我们的人生脚本就被父母所书写。在一些人的成长的过程中，严苛的父母、外界的规条，形成了其内在的审判者，让这些人走向偏执，变得越来越不自由。

内在审判者就像一个法官，而与之对应的内在小孩就像一个"罪犯"，这个没有得到妥帖照顾的小孩，总会听到一些声音在说：你这样是不好的，这样做是不对的，你得为我们的婚姻负责，你得为我们的争吵负责……

背负着这样的沉重枷锁，一些人变得怯懦，变得不自信，变得谨小慎微。他们本应在如花的年龄绽放光彩，结果却不得不蜷缩在厚重的保护壳里，与梦想无缘，也无法成为自己想成为的人。

　　成年之后，他们才意识到，原来成长可以带来改变，自己可以改写自己的故事脚本，书写自己的人生故事，拥抱那个没有被妥帖照顾的内在小孩，并且与内在的审判者和解。此时，他们唯一能做的就是发展自己的成人自我，提升自己的心智化水平，改变自己的行为方式，过不被过去限定的人生。

任丽

心理咨询师

目录

第三章　"耀眼的"人物和极端的类型

第四章　脱下旧衣——走进更充实的生活

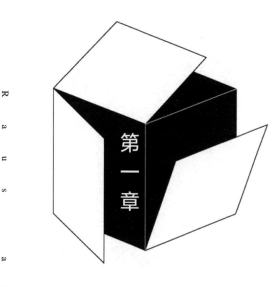

第一章

総是有同样的坏感觉，
总犯同样的错

Raus aus Schema F

第一节

自我认知

　　你有没有如下经历？在某些情况下，你行为笨拙、矛盾或特别夸张，事情过后，又对自己当时的行为方式感到尴尬，甚至羞愧。这种感觉从哪里来？为什么你一次又一次地走进同样的死胡同？或者像一个方向盘被拿走了的司机，无法把握方向？人们通常都能很好地掌控自己的日常生活，然而还是会经历这些失去掌控感的时刻。诺拉、佩特拉和拉斯莫斯也如此，在某些情况下，他们也选择了自己并不喜欢的行为方式。

　　其实，诺拉已经拥有了一切能让她产生安全感并感到被爱的东西：两个优秀的孩子、一个体贴的伴侣、几个好朋友和一份稳定的工作。然而，在某些情况下，她会突然觉得自己很无助，像个被抛弃的小孩。只是一些小事也会让诺拉倍感压力。例如，她的同事前几天说了一个她听不懂的笑话，这让她觉得自己格格不入，仿佛她天生就无法融入任何环境，无法让人喜欢她真实的样子。在这种时候，诺拉用了自己一贯的方式来应对：封闭自我，埋头进入工作中。当一个同事向她说起这件事时，她落泪了。她

既为别人的行为生气，也为自己的反应生气。其实，她知道自己
对这些事情的反应并不妥当，而且毫无根据，但问题在于，她别
无他法。

佩特拉很努力地做所有事，试图讨好每一个人。不管是职场
上的任务还是私下的约定，她都喜欢反复询问确认。她将自己织
了几个星期的漂亮披肩作为生日礼物送给妹妹。只不过因为妹妹
说了一句"系带和边沿换个颜色肯定更好看"，佩特拉便立刻从
中听到了批评声，变得非常沮丧。结果不出所料，她粗暴地回应
了妹妹的话。对她来说（往往对其他人来说也是如此），这一天
被毁了。然而，其实她一直认为做好任何事情都很重要，因此建
设性的意见本应令她高兴。

拉斯莫斯与妻子和儿子住在城郊的一个小公寓里。他们虽然
经济不宽裕，但总是尽量让生活更舒适。大多数时候，他们的家
庭生活安静和谐。拉斯莫斯是一个充满爱心的丈夫和父亲，他会
和儿子一起做很多事情，并且每天都会为家人做饭。但是，当他
和朋友们出去时，就突然像变了一个人一样。他会喝很多酒、装
腔作势、大声吵嚷，并且不让别人说话，事后又总会感觉很尴
尬。他有酗酒问题吗？为什么他总是这样？

我们会时不时地失败或者有不当行为，这本身并不可怕。失
败并不是一件坏事，就如同阳光和水能促进天竺葵和橡树的生长
一样，失败于个人发展而言也有着至关重要的作用。但糟糕的

是，这种失败一次又一次地以类似方式发生，而我们也总是犯同样的错误，似乎我们并没有从之前的错误中学到任何东西。这才是增加挫折感，让人产生无法忍受的痛苦、伤心和沮丧情绪的真正原因。但为什么会这样呢？为什么彻底摆脱这种只会带来伤害的行为方式如此困难，甚至几乎不可能呢？

想象下面这一场景或许会对你有所帮助。你的灵魂是一个衣橱，多年来，衣橱中积攒了不少衣物。有些衣服很合身，你总会穿它们；有些衣服穿起来不舒服，或者你不喜欢它们；还有一些是你梦寐以求的单品，但你从来没有穿过它们。你为什么不试试把它们中的一些扔掉或者送到裁缝店重新剪裁？或许你最终也可以穿一穿那些特别的单品，而不是让它们被闲置在你的衣橱里等着长虫子。你为什么不相信自己可以驾驭它们？真的是因为不寻常的颜色、夸张的图案或不对称的剪裁吗？还是因为，你很难尝试新东西？

我们可以主动为我们的外在选择鲜艳的羊毛衫和暗色系的百搭外套，但我们不能自主选择内在的衣服。更可惜的是，我们无法快速地整理灵魂的衣服并将不合适的清理掉。我们都太拘泥于某些思维和行为模式。我们虽然知道它们是不恰当的，是有害的，然而回想某些关键时刻，我们甚至没有注意到自己正在按照这些行为定式行事。我们只是不由自主地以一贯的方式行动，即使这样的行动对我们自己是一种伤害。

然而，每个人都有机会重新获得掌控权，摆脱束缚。这本书将分享切实可行的方法来帮助你发展自我个性。

如果你想和我一起走上这条路，那么第一步就是自我认知。你必须找出那些让你的感情、思想和行动失控的情况和原因。这些问题的部分答案就深藏在我们的过去，我们的童年和青年时期。

作为一名治疗师和训练师，我用一种行之有效的方法，帮助我的客户找到他们的内在行为模式，我称它为图式疗法。所谓的图式疗法，最早通过纽约心理学家杰弗瑞·杨（Jeffrey Young）[①]和其同事的书籍以及我的书和视频在德国渐渐为人所知。图式疗法认为，我们的思维、感觉和行为都受各种模式的牵引，我们的弱点和强项也都深藏其中，这也是我们一直跑进同一个死胡同的原因。

但并不是所有人都愿意或者可以立刻去找训练师、治疗师，有些人也想先试着自己处理这些问题。在这本书中，我为你提供了一些想法和工具，试图帮助你找到你的疑惑、问题的核心，以及反复出现的不愉快感觉的来源。一旦你找到它们，就可以开始准备进行改变，让生活变得更轻松、更充实。

在你的自我认知中心存在各种情绪，其中有积极的情绪也有

---

① 美国心理学家、心理治疗师。——译者注

消极的情绪。情感时常是矛盾的：这一秒你爱一个人，下一秒你却痛恨这个人；或者你渴望某些东西，但恐惧让你畏畏缩缩，不敢追求。对你来说，那些强烈的情感似乎都是不合逻辑的，让人难以理解的，有时甚至是可笑的。本书向你展示了如何认真对待它们，探寻它们的来源。因为这些感觉完全不是可笑且毫无缘由的，它们有存在的理由，但也并不是全都有意义，尽管在有些时刻，它们让你觉得如此。

比如在诺拉的例子中，她感到被同事排斥。她并不是从昨天才开始体会被拒绝、被孤立的感觉的，只要她能回想起来，就会发现自己一直有这种感觉。因为这种内在模式的起源不在办公室，而在诺拉的童年。

小时候，诺拉经常搬家。她的母亲很年轻，并且对于抚养孩子感到力不从心。所以，诺拉辗转于她的各个亲戚家：到姑姑家住半年，到不来梅的外婆家住几个月，到波兰的奶奶家住一年。所有人都很关爱诺拉，但她在哪儿都不能久住。这也导致她在学校里总是那个"新来的女孩"，其他孩子总是排斥她。诺拉几乎没有什么朋友，因为一旦她交上了朋友，很快就又要搬家。她十二岁时非常缺乏自信，以至于同学们的排斥逐渐发展成赤裸裸的欺凌。

今时今日，如果诺拉感到无力和孤独，这不是因为此时的情况真的如此糟糕，也不是因为诺拉"过于敏感"，而是因为那些

她在童年长期反复经历的情感被激活了。诺拉今天感受到的被抛弃和被排斥，让她在内心又变成了那个受伤的孩子。

而当下，改变的第一步是认真对待那些一再出现的心理模式，并了解它们在自己人生中的意义。我们不妨为此多了解一下自己性格的内在组成部分。每个人的思维模式和行为模式都由不同的内在部分构成。我们将这些内在部分分为四种：内在小孩、内在审判者、应对方式（在某些情况下为了保护自己而做出的反应和行为）以及成人自我。

内在自我中掌舵的部分会控制你的期望、你的感知和你对状况的反应。就像你会根据不同的场合从衣柜里拿出不同的衣服一样，在不同的时刻，你身上也会出现不同的行为方式，所有人都是如此。有时候是内在小孩在指挥你，还有些时候主要是内在审判者在发号施令；在某些情况下，你的应对方式会变得很活跃，而有些时候，成人自我会占据主导地位。探索出哪个主体在哪种情况下起主导作用，是一件很吸引人的事情。在这本书的帮助下，你可以了解自己的不同部分，并决定未来如何进行角色分配。或许你可以很好地接受某些模式？你更希望自己在什么时候有不一样的表现，并有可能比以前感觉更好？

我会分享许多练习，这些练习可以帮助你更好地了解并发展自己的个性。你不需要为这些练习投入太多，只需要找一些时间让自己安静下来。例如，有一些练习需要你追踪一个想法或感觉以及身体的躁动，然后做一些相关记录。如果一开始你觉得很难进入练习状态，请不要马上放弃，也许你只是不习惯如此集中地注意自己，下次可以重新试一试！你想试试吗？那就从下面这个小练习开始吧！

⊙ 一个小的引导练习（练习1）

通过这个练习，你可以找到自己当下的"情绪热点"，通常也就是刚才介绍的内在部分中特别活跃的区域。这个练习需要5～10分钟。请保持舒适、放松，闭上眼睛，做几个深呼吸，注意吸气与呼气……让自己回归自我，平静下来。然后让你的思维游走在过去几天和几周内发生的事中，寻找一个让你情绪激动或印象深刻的情景。当时你可能是情绪化的、愤怒的、悲伤的或有偏激反应的，并且你认为，这对自己来说是典型的、具有独特性的反应——在这种情况下，别人不会像我这样，他们会比较放松，其实我不应该有这么激烈的反应。

想象一下，这种情况在此时重现。在这种情况下，你会做什么，其他参与者会做什么？你感觉如何？你能为这种感觉命名吗？你觉得自己此时是像一个成年人还是更像一个孩子？对你来

说，这些感觉是不是很熟悉？迎接这些感觉，和它们接触一下。它们可能还会经常在这本书中被谈到。它们属于你，学会了解它们是好事。结束练习时，再次做几个深呼吸，注意呼气与吸气。在接下来的几天里，留意你自己刚刚产生的感觉。

第二节
来自童年的"纠缠者"

因为自己被羞耻和悲伤所支配，诺拉仿佛突然感到自己不再是一个成年人，这是由受伤的内在小孩所引发的。我们童年和青春期的情绪状态就像正在沉睡的"纠缠者"，它们会唤醒某些刺激或情境，然后我们就会被这种情绪状态左右。

受伤的内在小孩之所以变得活跃，通常是因为很久之前的忽视和贬低的残余力量在发挥作用，这种残余力量来自那些我们还是孩童时需求没有得到满足或被忽视的时刻，比如母亲尴尬地回避了我们对爱意的表达，幼儿园一些老师忽视了同学对我们的愚弄。这些事情可能已经过去了几十年，但羞耻和被拒绝的感觉还留在我们身上。

因为诺拉对安全感、归属感和得到尊重的需求被长时间忽视了，所以一个受伤的内在小孩的感觉一直在她内心深处徘徊。因此，一个无恶意、无害的情况就足以让这个有处世能力的女人情绪失控。

除了受伤的内在小孩，还有被宠坏的内在小孩。拥有被宠坏的内在小孩的人，会缺少毅力和自律。这类人很难完成一些令人讨厌的或无聊的事情，但不幸的是，这些事情又在生活中占了很大一部分。没有人喜欢做自己的税务申报，但我们却必须完成这件事；没有人喜欢做体检，但我们知道，这是必须做的事。如果行为由被宠坏的内在小孩所引导，你就会一直不做那些自己不喜欢的事情，直到不得不去做。凡是对这类人来说不好玩的事情，他们都会选择拖延或推脱给其他人，比如朋友、父母、伴侣。这是因为这类人从来没有学会如何处理因为做枯燥的工作而产生的挫折感。他们往往有父母或祖父母来为他们分担一切，长辈太过溺爱他们，或者永远保护他们。但父母对他们既存在过度保护，也存在某种形式的忽视。他们倾向于为孩子分担一切，最终却不信任孩子的任何能力。这样做的后果是许多人成年后仍然不自立，缺少纪律，长期拖延，喜欢推脱而不是自己承担责任，对日常的情况感到不知所措，压力很大。

利努斯四十岁了，在 IT 行业工作，是一位受人青睐的专家。然而，他发现自己很难按时甚至定期去上班。他总是错过提交工作的最后期限，因此会请病假或无故缺席。每当他被开除或没钱时，他的母亲就会帮助他。他的父亲是个艺术家，对孩子和家务没有兴趣。于是，利努斯的母亲接手了一切：她上班，养育孩子，照顾家庭。因为父亲的行为，利努斯认为可以把繁重的任务推给别人。此外，利努斯的母亲将她的过度保护行为延伸到儿子身上，因此利努斯从未被要求承担不愉快的任务。而致命的是，这种动态关系一直持续到今天。每当利努斯因为"拖延"而陷入困境时，他的母亲就会帮助他摆脱困境：用钱、请求他的阿姨答应让利努斯和她同住一段时间，或者安排利努斯去看医生。

利努斯的母亲出于好意才会有上述行为。但这样一来，她的儿子永远也学不会承担责任和独立应对问题。我们无法想象，一旦利努斯的母亲无法再帮助他，他需要自己帮助自己时会发生什么。利努斯的年纪越来越大，他也越来越难以过上充实而幸福的生活。儿时的"纠缠者"牢牢地控制着他。

第三节

来自过去的命令

很多人的内在都有一个审判者，这有时会让他们承受很大的压力，甚至贬低自己。这种控制性以及管教性的主体，不一定只源于与父母的相处经历。所有在成长过程中对他们有影响的人，都可能以苛刻的或惩罚性的内在审判者的形式伴随他们一生。这些人可能是爷爷奶奶、老师、邻居、同学……也可能是我们感受到的一些超出自身实际能力的社会要求带来的压力，比如要求我们都应该是美丽、热心、聪明、一直快乐的，最重要的是，要求我们永远不要制造任何麻烦。在过去的几十年里，要求完美的压力不断变大，每个人都深谙那种对自己不满意的感觉！

内在审判者经常会以很具体的话语展现自己，比如"别这么做""我是不是现在又要生气了""换位思考，想一下别人"。这样的句子似乎深深地刻在我们的记忆中。一代又一代的父母"大方"地将这些话语分享给子女。这个过程可能对子女造成了很大的伤害，因为其传递的信息总是一样的："你不重要，你的需求也不重要。"

当然，父母不应该把孩子培养成自私的人，但这并不意味着孩子的需求是不合理的。恰恰相反，知道自己需要什么，知道自己有权得到什么，是拥有自信和满足感的先决条件。而即使是被父母疼爱的人，也可能遇到会伤害他的老师、亲人或同学。几乎没有一个人在成年后心中没有苛求和惩罚的声音。而且在某些情况下，这声音会一次又一次地大声出现。

惩罚性的内在审判者向人们传达的观点是，这人一文不值，或者他有什么原则性的问题。一个极端的惩罚性审判者会导致完全的自我贬低，甚至自我仇恨。并且在某种形式下，它也会造成极大的不安，让人的自信心被削弱。相对地，苛刻的内在审判者"只会"使痛苦者陷入完美主义。如果你是一个让自己承受极度压力的人，那这可能是因为你心中有着苛刻的审判者，这使一个人的价值直接取决于其成绩。他的满足感始终是短暂的，因为他永远要实现更大的目标。更糟糕的是，如果哪一次没有实现目标，这个人就会觉得自己完全没有价值，是不值得被爱的。

而且，这样的心态也会引发内疚感。产生这种感觉与成绩、金钱或工作无关，只是因为他将自己的情感需求置于他人之后。痛苦者觉得自己必须取悦所有人，从来不被允许抱怨。他们必须始终友好、善解人意并且不给人添麻烦。这种行为经常表现在从事以下社会性职业的人士身上：护士、社会工作者、医生、教师、治疗师。

安雅是一位四十多岁的聪明女性。她是一名心理治疗师。因为颇受病人的欢迎，她很喜欢自己的工作。她善于体谅他人以及他人的难处，能很好地支持他人、鼓励他人，给他人打气。然而，她觉得她很难和周围划清界限、保持必要的距离。不管是在工作中还是在生活中，她总是在其实该说"不"的时候，说"好的"。如果她拒绝请求，就会感到内疚，觉得自己不被喜欢了。她关心一切，关心所有人，唯独不关心自己。她为什么要这么做？在一个心理学家的研讨会上，当人们发现70%的参会同事都和安雅一样，有一个抑郁的母亲时，人们终于明白了原因。显然，有问题的家庭与社会职业的选择之间是有联系的。安雅记得，母亲在处于抑郁症状态时对孩子很冷淡，但安雅还是试图让她开心起来，至少要露出一个小小的微笑。直到今天，她还是觉得自己有让别人感觉良好的责任。只有成功做到这一点时，安雅才会产生一种可以被爱的感觉。

精神病患者甚至是慢性病患者的子女，通常会觉得自己对父母的幸福负有责任。用专业术语来说，这就是所谓的"亲职化"，这意味着照顾关系的逆转：无论是在社会层面还是在情感层面，孩子都过早地扮演了成年人的角色。同时，孩子需要他人照顾的自我需求却被忽略了。

第四节

是应对方式还是欺骗自我的花招

类似"那不是跑车,而是男性的雄风"的说法,几乎每个人都很熟悉。很多关于男人往往用跑车来弥补秃顶、小肚腩或阳痿的心理学推测,现在已经进入了大多数人的视野。

在下文中,我们称处理负面情绪的方式为一种应对方式,或者说是一种应对策略:炫耀、有攻击性、有过度的控制妄想或感觉受到冒犯,都是我们在试图避免负面情绪、唤醒内在小孩和审判者时,可借助的行为方式。这些行为让我们的羞耻感和负罪感不那么强烈,或者至少可以让我们在别人面前隐藏它们。然而我们也会为此付出高昂的代价。通过这种方式,我们保护自己不受过去的声音影响,但同时,这样做也伤害了现在的自己,因为它阻碍了我们充分发挥个人潜力。

用这种方式欺骗自己和他人的人,只能在顺从、回避和过度补偿之间进行选择。顺从是指完全以他人的想象为自我导向,以此让自己不感到内疚的倾向。别人情绪稳定时,这类人也会感到稳定。这样一来,他们就不必处理自己的需求,也就不会产生矛

盾。但是，他们的重要需求仍然没有得到满足，实际上也并非是在"真诚地"与他人接触。

苏珊娜是一位三十出头的年轻女性，她被极度的自我怀疑所困扰。虽然她在音乐和社交方面都很有天赋，但她觉得自己很无趣，没有价值。虽然她很迷人，但她总遇到利用她、对她造成心理伤害的伴侣。小时候，苏珊娜几乎没有得到过认同。她的父母是两位自然科学家，很少有时间陪她，在这样的家庭中，音乐天赋并没有什么价值。即使是小时候，苏珊娜也只有在她能给父母带来笑容时，才会觉得幸福。她很善于体会身边人的心情和愿望，很乐于照顾别人。她花了很长时间才意识到，有人可能不值得她这么做。

一个很少得到认可和赞赏的童年可能会带来严重的后果。它可能会使一个人无法成长出一个快乐的、自我决定的、自信的人格。

相比顺从，回避是指对来自内在审判者的有害声音的逃避——这往往也代表一种对生活的逃避。这类人确实能成功地回避不愉快的感受，因为回避者会寻找一些不会让他们接触童年感受和父母命令的地方。然而，俗话说："不入虎穴，焉得虎子。"回避者的行为也妨碍了自己得到幸福。

罗伯特正处在三十岁的尾声。在学校里，他经常因为慌慌张张的样子和特异的长相而被人取笑。他的父母很早就离婚了，罗伯特在父亲或母亲那里都没有获得真正稳定的家庭。成年后，他还患上了严重压力导致的皮肤红斑。他觉得自己既不讨人喜欢，也没有吸引力。因此，他假装根本不想谈恋爱。他一再声称自己"没能力给承诺"，反正恋爱关系"庸俗""无聊"。然而，他渴望有一个伴侣，渴望最终被人接纳并且有人会爱他的本性。他渴望有一个人可以一直可靠地陪伴在他身边，真诚对他。但因为害怕被拒绝，他不去任何可能建立真实人际关系的地方。他避免私下与人碰面，而是在互联网的掩护下寻求匿名关系。

由于害怕被拒绝，罗伯特回避了可能带给他真正想要的生活的情形。像罗伯特这样的回避者，宁愿远离假定的危险区域，也不愿努力实现自己的愿望和梦想。除了社会性退缩外，这种回避策略还包括所有能让人麻醉自我、分散注意力的形式，比如沉迷各种社交媒体、饮食无度或过度运动等。

在一定程度上，回避不愉快的情况，偶尔抽身或干脆装聋作哑，都是正常、健康的。但当回避阻碍了个人的自我发展时，它就会成为问题，因为它不是真正的充实和自主的生活的一部分。

此外，所谓的过度补偿也可以被用来应对软弱和无助。过度补偿就是指一个人似乎完全不顾受伤的内在小孩，否认羞愧或悲伤等感受，他的自卑感往往被过度的自信有时甚至是傲慢的外表所掩盖。

霍尔格是一个出生于富商家庭的矮小的胖男人。然而，去年

他的公司不得不宣布破产，霍尔格几乎因此变得一贫如洗。因为自己的身材和矮小的体型，他心底总觉得很自卑，尤其是在家人面前。现在，财富的流失加剧了他的这种感觉。霍尔格通过轻浮的表现伪装成一个猎艳高手，想以此弥补自己的自卑感。但任何一个旁观者都会马上明白：他没必要如此。

不过，相应地，如果我们能管理好负面的情绪，一般来说这么做也是好事。你不必感受每一次痛苦，不必表现每一次愤怒，不必纠结每一次冲突，不必觉察自己的每一次不安。而且，不是每一次不快都值得大闹一场。

只有当否定情绪妨碍我们满足自己的需求时，它才会成为问题。比如霍尔格，他如果一直这么做，就永远不会了解到，虽然自己身材不够完美，却是一个可爱的人。而罗伯特也很难通过互联网得到满足。这背后的问题是，后两种应对方式，即回避和过度补偿，只会让人在短期内感觉良好——至少比另一种面对自卑感的方式，即顺从，要好得多。

第五节

我们的优点

就如同我们会拥有穿在身上觉得自在的衣物一般，我们每个人都有健康、完全得体、既不幼稚也无不足的内心部分。如果我们按照这样的标准来定位自己，就会成功安排好自己的生活，做出正确的决定，解决问题，保持人际关系。在这种状态下，我们能够很好地评估并满足自己与同伴的需求。在下文中，我们称这种状态为成人自我。

但是娱乐、玩耍也同样重要。没有玩耍的生活，不仅会让你变得愚蠢，也会让你变得不快乐。所以说，也要给我们心中幸福的孩子，喜欢荒诞、喜欢故意说傻话、顽皮、快乐的那一面留出空间。因为玩耍和欢笑的时间不仅能丰富我们的思想，还能给我们带来能量，帮助我们应对成年人紧张的日常生活。幸福的内在小孩与我们每个人都在一起，虽然他可能隐藏得很好。这个小孩毫不回避地用他的探索精神、玩耍乐趣和创造性看向世界。我们每个人的内在都住着他！

通过这四个不同的内在人格部分——内在小孩、内在审判

者、应对方式和成人自我，我们在灵魂的地图上有了自己的坐标。本书的第二章将着重于更好地认识和了解我们的个性。个性如何发声，为什么如此发声？它们让人有什么感受？会在什么时候出现？我们又该如何反应？在第三章，你可以敞开自己，根据你对内在的认知，着手改变自己，并发展自己的个性，让自己走上一条全新的道路。

也许你已经在这样或那样的例子中，在这样或那样的行为中，认出了自己或周围圈子里的"熟人"。接下来，你可以通过提问的方式，更准确、更具体地判断出，哪些内在人格部分，在多大程度上对你起决定性作用并左右你的人生。除此之外，有关内在生活的图示也能对人有所帮助，它用图表记录心理冲突的坐标，让人更好地在内在世界中找到自己的方向。你可以在第二章的结尾找到个人内在地图并自己填写。

所以继续看下去吧。放松心情，期待一段通往内在的精彩旅程。仔细观察会发现，内在不是迷宫，它很有条理。了解自己内在地图的人，有很大的机会可以放下过去的、令人不愉快的行为和感觉，改变自己的生活。

第六节

是什么从小时候开始就影响我们的感情和行为

三个内在小孩

当内在小孩主导我们时，我们的认知和行为也会相应地显得相当不成熟。虽然那时我们体验到了强烈的情绪，但我们当前的情况并不足以充分解释这些感受。

这些情况让我们想起自己在童年和青年时期，基本需求被忽视的场景。我们把内在小孩分为受伤的、被宠坏的和幸福的内在小孩，具体区分如下（如表 1-1 所示）。

表 1-1　内在小孩区分表

	受伤的内在小孩	被宠坏的内在小孩	幸福的内在小孩
什么感觉决定了内在小孩	羞耻、寂寞、害怕、悲伤、无助	愤怒、生气、冲动、倔强	幸福、好奇、无忧无虑、安全感

（续）

	受伤的内在小孩	被宠坏的内在小孩	幸福的内在小孩
当 你 …… 时，感受被触发了	感到被拒绝、被威胁、被抛弃、被苛求和被排挤	感到被批评、被拒绝、不被认真对待、被排挤和被束缚	感到被接纳，产生归属感和被爱的感觉
应对这个内在小孩的目标是……	感知、理解需求并设法自己满足它们	认清并照顾愤怒背后的需求，减少任性、冲动和固执	充分享受它
什么能帮助这个内在小孩	关爱自己，接受自己的感觉，满足自己的需求	重新获得控制权，解决未满足的需求，了解预警信号，用练习替代行动	真正的平衡，新的活动，享受"小事物"
小心……	惩罚性的审判者（"你的感受并不重要"）以及产生需求得到满足的假象的应对策略	固执的反应（"我现在只做我想做的事"）	惩罚性的审判者（"但 这 是孩子气的、令人尴尬的"）

苛刻的或惩罚性的内在审判者

苛刻的或惩罚性的审判者代表了那些来自我们童年和青春期的有害声音。这些声音带来的信息始终是负面的，永远让我们觉得自己做得不够，或者不可爱，并且自己是无聊、愚蠢、丑陋或者无能的。他们被分为对我们提出过高要求、让我们承受极度压

力的苛刻的内在审判者，以及贬低我们的惩罚性的内在审判者
（如表 1-2 所示）。

表 1-2　内在审判者区分表

	苛刻的内在审判者	惩罚性的内在审判者
这关于……	在成绩上对自己要求过高，或对自己的期望值过高以照顾他人	有时对自己进行绝对和一般化的贬低
你感到自己……	被过分要求，承受压力，不够好或有负罪感	被憎恶，不够好，不可爱，被排斥或被拒绝
应对内在审判者的目标	改变他传递的信息，让这些信息成为有用的信息	认识到他传递的信息没有用并且应该消失
什么有帮助	学会区分有用和有害的信息，辨别信息的真实性，开发新的有益信息	辨别审判者的信息来源，通过象征符号、纪念卡片、与亲近的人联系等方式减少惩罚的声音
小心	应对策略！我们常常试图回避这个内在审判者，但这通常只在短期内有效	—

　　此外，如果你在想："我也听到过很多正面的声音——我父母或朋友的话并不全是负面的……"那很不错！这类信息（"我是好的，我不需要把每件事都做得很完美"）属于成人自我。

我们如何用幼稚的方式应对压力

为了应对情绪上的压力和困难的情况，我们在童年时期采取了一些应对方式来保护自己。这些应对方式已经在我们心中根深蒂固。孩子们通常别无选择，只能在顺从、回避和过度补偿这三种应对方式中选择一种。成年后，很多人在应对较大压力和困难的情况下，还是会理所当然地采用这些幼稚的策略（如表 1-3 所示）。

表 1-3　幼稚的应对策略

	顺从	回避	过度补偿
人们试图……	通过满足他人稳定自己	逃避自己不想面对的感觉和问题	表现得与内在审判者的意见恰恰相反，好像自己的行为才是对的
这种应对策略表现为……	自愿承担过多令人讨厌的任务，不会说"不"，依赖他人	逃避困难的情况，通过电脑游戏、网络、电视等过度分散注意力，通过酒精麻痹感知，通过食物、消费等进行自我刺激	出现傲慢、过度控制、寻求关注的行为以及具有攻击性、操纵性的行为
目标是……	学会减少使用这些应对方式，适当地表达自己的需求，建设性地处理冲突和问题		
什么有帮助	权衡利弊，行为实验；尝试具有替代性的行为；有耐心，因为改变从小到大使用的应对方式需要时间		
小心	苛刻的审判者（"你必须讨好所有人"）惩罚性的审判者（"你本来就不想有人在身边"）		惩罚性的审判者（"如果你展示弱点，你就是个失败者"）

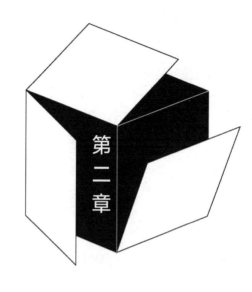

第二章

识别来自童年的"纠缠者"和我的强项

第一节

谁指引我的生活

从第一章了解了图式疗法基本的理论与原理后，我们开始进一步的学习。首先，我想分享我写这本书的目的。

写这本书的目的是帮助你用积极的情绪抵御恐惧、无力、悲伤、羞愧、孤独或愤怒等负面情绪，或者更简单地说，你应该重新得到对自己的思维和行为模式的控制，让自己可以更满足地生活——对自己的行为举止感到舒服，就像穿上了适合自己的衣服一样。

你可能会惊讶于这样的想象：心理不是丛林，而是一个结构化的存在，可以像地图一样被展示出来。举个例子，我们来看看诺拉的人格组成部分（如图 2-1 所示）。她忍受着受伤的内在小孩的感受、惩罚性的内在审判者的贬低，以及顺从的应对方式之苦。

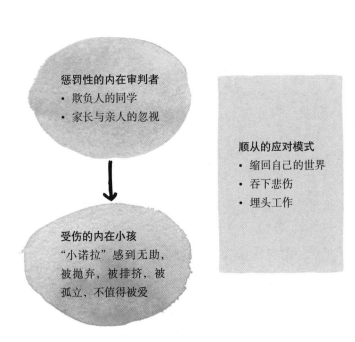

图 2-1　诺拉的内在地图

　　诺拉的目标可能是更自信地处理令她感觉被排斥的情形。如何做出这样的改变，是第四章"脱下旧衣——走进更充实的生活"的主题，这章内容提供了不同的练习建议，帮助你克服负面情绪和强迫性行为。

　　接下来的内容是关于学会识别来自童年的"纠缠者"。在地图的帮助下，你可以深入自己的内在深处。这样，你将循序渐进地了解自己的情绪生活，认识自己典型的应对方式，找到让你坚强、对你有帮助的东西。

在本章的最后,在内在地图中或你自己的草图中填入所有你认为重要的联想和信息:你突然出现的想法、感觉、记忆画面,还有经常引发负面情绪的情况等。这张图被专门设计得十分公式化——因为这会让复杂的内在生活变得更加具体。当你认识并理解了你的内在小孩和内在审判者,你就可以想象自己在关键情况下该如何改变,才能感觉更舒服。

感受并反思自己的内在体验和外在行为,是获得更多真实性和情感平衡的关键。如果你希望有的放矢,你可以在第四章中找到合适的练习。下面的解释和例子是为了帮助你了解自己的内在联系网。如果你做笔记或用图片记录自己的想法,就会更好地逐渐察觉、领会自己在高压情况下孩子般的感受和行动,从而做出改变。

第二节

内在小孩的产生与作用

如果在儿童和青少年时期，基本的需求没有得到满足，这个人就会形成有害的思维和行为模式。

儿童的基本需求包括：

- 与他人有稳定的联系；
- 自信心和能力；
- 表达需求和感受的自由；
- 自发性、乐趣和玩耍；
- 现实的界限。

与他人有稳定的联系

我们都需要感觉到，自己在这个世界上并不孤单。每个人都不是一座孤岛——孩子更是如此。儿童需要感到有值得信赖的人会关心和爱护他们，感到自己是被爱的、被重视的。包括设定界限在内，没有什么可以中断爱和尊重。与父母的关系应像一张无形的安全网一样始终伴随孩子，直到孩子长大成人。祖父母、老师或邻居也可以替代父母成为"安全网"，最重要的是，孩子能感受到有人是可以依赖的。

米莱娜是一位三十多岁的聪明漂亮的女性。她出生在俄罗斯，后来母亲带她离开家乡去了德国，但父亲没有陪着她们离开。来到德国后，母亲再婚又生了一个儿子。此后米莱娜的生活成了母亲过往生活的翻版，她被忽视、被殴打、被批评。她在学校里是"那个俄罗斯人"，她被边缘化。在家人最终搬去美国时，当时 17 岁的米莱娜选择独自留在德国。如今，她拥有了博士学位并在大学工作。她将工作掌控得很好。然而，经营恋爱关系对她来说却是困难的：她一次又一次地选择那些承诺给予安全感、在专业上纯熟且通常比她年长很多的男性。仅仅相处几个星期，她就会坚持让对方搬过来一起住，再过几个月就要求结婚。她会用尽一切方法试图强行建立小时候缺失的稳定关系。但她总有某种预感，她认为她所选择的男人最终都会做出和她母亲一样的行为：不可靠、冷漠、羞辱甚至虐待她。

米莱娜竭尽全力让那种被抛弃的经历不再重演。她选择伴侣时完全只考虑自身安全感，并以一种最终与她的需求背道而驰的方式加速关系的进程。

⊙ 问问你自己（练习2） -

在你的童年里，你的依恋需求是如何得到发展的？在你的童年中寻找觉得有安全感或被拒绝的画面。想到这些，你会有什么回忆？

自信心和能力

不知道自己是谁，不知道自己能做什么，也不知道自己能独立应对哪些事时，人是很难掌控自己的生活的。为了培养孩子的相关观念，必须为孩子创造尝试的机会。只有这样，他们才能形成良好的自我认同感。孩子必须体会到表扬和欣赏，当然还有信任。如果这样的体验被夺走，那他们就会在潜移默化中对自己失去信心，乃至对正常的要求感到力不从心。相反地，如果他们已经学会了驾驭各种挑战，就能从中找到自信的源泉。很多父母出于好意，想为孩子承担一切，试图安排好孩子的一生，但这样做的结果很可能导致孩子难以发展自己的自信心和能力，甚至在以后的生活中难以独立生存、融入社会。

托比亚斯是位四十岁出头的亲切、平和的男性。毕业后，他一直没有工作，靠社会救助金生活。他曾经多次应聘，也受邀参加一些面试，但大多以失败告终。他曾成功了一次，可惜没有通过试用期，因为他总是迟到，或是错过提交工作的最后期限。与此同时，托比亚斯的哥哥们都有自己的事业：一个是大报社的编辑，另一个是心脏病专家。两个哥哥自幼就让小托比亚斯认为自己跟不上他们，觉得自己是个"懦夫"。这些声音在托比亚斯心中太响亮，以至于他无法对自己想要的东西和自己的能力产生客观的认知。而他的父母一直负担并迁就他这只"幼鸟"的一切，但这使情况愈发恶化。现在，当他感到经济拮据时，父母依然会出手帮忙。

小时候，托比亚斯几乎没有得到过表扬，也没有机会去尝试。时至今日，他的一切都由别人负担。由此，他产生了一种感觉，就是自己太无能了。没有人相信他能做成任何事情，他也不再相信自己。这就是为什么他的生活充满失败。在心理学上，一直困住托比亚斯的恶性循环被称作缺乏自我效能期望。因为托比亚斯坚信自己是个"懦夫"，不相信自己能把工作做好，所以他从不努力。

⊙ 问问你自己（练习 3）

小时候的你是否可以独立探索这个世界？你会克服挑战吗？

你是否感到力不从心？是否认为自己被过度保护？在你的童年里，独立自主的时间是太少、足够还是太多？想到这里，你会回忆起什么？

表达需求和感受的自由

每个人都有发展自己个性和被真诚以待的需求。一个人如果向他人或新的挑战敞开自己，却只体验到讥讽和嘲笑，就会遭受严重的伤害。如果孩子们有过表达自己的感受和需求却被嘲笑的经历，他们在成年后就很难再敞开心扉去表达自己的感受和需求。

乌瑟尔九十岁了。她觉得谈感受很"傻"。她对"问题对话"根本不以为然。"我不会走进自己，这对我来说太遥远了"，这是她的信条。她对自己和他人都很苛刻，从不允许自己软弱。她总是干净利落，头发一丝不乱，也把家里打扫得一尘不染，而且处处节俭。虽然家里的钱用来生活一直绰绰有余，但她只在特价时才买最喜欢的咖啡。作为一个母亲，她也完美地——至少部分完美地履行了自己的职责：饭菜按时上桌，孩子们总是穿着整齐，他们什么都不缺。只是，孩子们从未体验过温柔和亲近，很少被亲吻，很少被拥抱，很少被表扬，很少被问起他们好不好。

但乌瑟尔对这些却一无所知。她最大的榜样就是自己的母亲。母亲不顾疝气的疼痛,一直站在她的文具店柜台后面长达二十年。直到今天,乌瑟尔还说,在晚餐结束时,她的母亲总会用带有威胁的口吻问丈夫:"安东,你还有别的需求吗?"在乌瑟尔看来,需求、感情、痛苦属于弱者。

乌瑟尔生长在一个不允许有感情和需求的家庭里。表达感情和需求被认为是自私和软弱的表现。因此即使到了晚年,乌瑟尔也无法满足自己对亲近和快乐的需求。时至今日,她仍然坚持既不需要什么,也不想要什么的状态。

⊙ 问问你自己(练习4)

> 当你小时候尝试新事物,好奇心旺盛,并与你的父母或其他照顾者分享你的愿望和经验时,他们有什么反应?想到这里,你会回忆起什么?

自发性、乐趣和玩耍

自发性、乐趣和玩耍在每个人的成长过程中都不可或缺而且

极为重要。它们能帮助人们减轻压力，让生活变得更轻松，重新在正确的关系中看待事物，并产生创造力和幸福感。缺失它们的人更容易受压力的影响，抗压性较差，且容易产生忧郁和悲观情绪。

乔纳斯是一个二十五岁的法律系学生。他很有志气，向着目标努力，经常在图书馆坐到半夜，之后还去慢跑。他似乎已经牢牢地掌控了自己的生活，然而他总是觉得压力不断。从小他身上就有一种明显无法控制的抽搐，他因此在学校被人嘲笑。他的父母对他关爱有加，但他几乎听不到他们的笑声，甚至任何形式的游戏都被父母认为是浪费时间，而且就像任何一种无益的活动一样"令人尴尬"。乔纳斯的父母很拘谨，从不享受生活。

如今，乔纳斯缺乏努力与放松之间的平衡。当他与朋友相约去休息或娱乐时，他就会感到内疚。他也不知道该怎么处理这一问题。他从来不会和他们一起去唱卡拉OK，因为和父母一样，他怕别人觉得他令人尴尬。

小时候，乔纳斯从来没有体会过在幼稚和犯傻后仍能被接纳的情况。他从来没有见过父母轻松嬉闹的样子，没见过枕头大战，甚至他也被期望保持严肃。如今的乔纳斯缺乏放纵和随性的勇气，因此也缺乏力量和自信的来源。

⊙ 问问你自己（练习 5）

你小时候能经历很多还是比较少的快乐和乐趣？你是否能与人分享这些经历和感受？想到这里，你会回忆起什么？

现实的界限

特别是对儿童来说，人们不仅要让他们得到照顾，还要让他们得到爱的关怀和鼓励。但爱不能是无条件的溺爱，要让他们了解自己的边界，认识到这些边界有时是由外部设定的。如果不这样做，孩子可能会形成过度的自主感，认为规则只适用于他人。这可能会导致孩子无法为他人着想，无法理解和考虑别人的需求与感受。

这样长大的成年人，可能无法在职业和私人方面保有责任心，无法实现自己的目标，会与不接受这种过度利己主义的朋友和伴侣产生冲突。

奥利弗今年五十六岁。他是一家之长，和前妻开了一家咖啡馆。在与其他人接触时，他表现得就像一个不乖的孩子。他还没自我介绍就问别人一些尖锐的、冒犯性的问题，对别人出言不逊，常把脚放在桌子上……他毫不在乎别人的感受和需求，也没什么共情能力。奥利弗还有严重的酗酒问题。他只是偶尔履行父

亲的责任，常在应该照顾孩子时忘记提前做好的安排，还让前妻一个人承担咖啡馆的经营。

奥利弗的父亲也长期酗酒，会醉醺醺地躺在沙发上，而他的母亲是一名护士，一边照顾孩子一边赚钱。奥利弗几乎复刻了父亲的样子。对他来说，把自己的生活和责任推给别人没什么不妥。此外，他的母亲当时虽然负担很重，但在20世纪60年代反专制教育理念的影响下，她认为孩子能独自成长，没有必要为孩子设限。

奥利弗是下文提及的所谓"有样学样"的好例子，他模仿了父亲的行为。小时候他很少受到关注，没人告诉他边界在哪里，他没有学会遵守规则。作为一个成年人，奥利弗总是用他的幼稚行为引起别人的不满。如果一直坚持自己的需求，那么别人很难和他建立亲密的关系。

⊙ 问问你自己（练习6）

> 小时候的你有被健康地设定界限吗？或者你能够允许自己做很多事吗？即使那些事可能超出了对你有利的事的范围？想到这里，你会回忆起什么？

所有的例子都表明，长期或反复侵犯健康需求的行为，将对儿童造成长远伤害。因为儿童还没有学会如何满足需求，甚至或许都不能认知需求。例如，九十岁的乌瑟尔因为儿时不被允许表达感情或愿望，直到今天都不能说出她的需求是什么。时至今日，她的生活始终如一，所有行为完全遵循社会期望的导向。上文提及的托比亚斯也是同样的情况，因为他在家里没有体验过被人相信能做成一些事的经历，所以他长大成人后还是很依赖父母，表现得没有能力，即使实际上他的才干和所受的教育足以支撑他做他想做的一切。

幼稚行为方式的触发

首先，当感到被拒绝、被抛弃或有压力，并且因这些感觉想起小时候的某种情形时，我们通常会陷入幼稚的行为模式。在我们看来，这是亲近、安全和自主等健康需求受到了威胁。在这种状态下，我们通常会将一只蚊子视为一头大象。这不是因为我们喜欢小题大做，突出自己，而是因为在我们眼中，这只蚊子突然变得很巨大。让我们再来仔细看一看三种类型的内在小孩：受伤的内在小孩、被宠坏的内在小孩和幸福的内在小孩。

当受伤的内在小孩在体内活动时，就会引发羞愧、孤独、恐惧、无助、被抛弃、悲伤或受威胁等伤心和压抑的感觉，比如诺

拉就是如此。小时候，她对爱、安全感和得到尊重的需求，在很长时间内总是得不到满足，只要她觉得这些需求受到了威胁，就会表现出难过和受伤。相对地，莎拉那被宠坏的内在小孩强有力地决定了她的行为，迅速将她推向了愤怒。

莎拉深感不快。她的好友莫妮卡在瑞典待了两个星期，却一次也没有和她联系！当莫妮卡终于打来电话时，莎拉的反应固执而暴躁。毕竟，莫妮卡显然不想知道关于她的太多事情……而莫妮卡对此有些疑惑。

后来，莎拉觉得自己很傻。其实她知道自己有些反应过度。但她确定，莫妮卡没有给她打电话是因为她对莫妮卡不重要，除此以外她不能接受任何解释，例如假期是她朋友自己的时间等。所以，她认为这种琐事是对她建立安全纽带的基本需求的攻击。

其次，如果愤怒、怨恨、冲动和固执在某些情况下以不合理的程度支配着我们，那么被宠坏的内在小孩很可能会引导我们的感受和行动。冲动是指不考虑后果，不考虑损失，不考虑自己，尤其是不考虑他人，当下就行动。在这种时刻，冲动的人可能会做出伤人、有攻击性的行为，这可能会破坏持续多年的关系，危及工作，甚至将自己和他人置于危险之中。这类人可能在童年的某些情况下，被剥夺了学会如何处理自己的挫折感或其他负面情绪的机会。

乌韦是个七十五岁、高智商、本性谨慎的人。但他却是个典型的"路怒症",开车时极易暴躁。乌韦在这方面已经无法控制自己,一切都让他心烦意乱,别人稍微违反交通规则,或只是有一些在他看来有一点"不小心"或"不得当"的驾驶行为,他都会疯狂发作。当红绿灯前有车辆超车时,他就会彻底失控。透过打开的车窗,他会大喊:"下车,你这个白痴!"事实上,如果"白痴"顺着要求行动,结果可能对乌韦很不利,而乌韦当时根本注意不到这些。他内心的怒火轰然爆发,丝毫不顾及后果。

最后还有幸福的内在小孩。这是我们灵魂中健康的一部分,他让我们无忧无虑地、充满好奇地进入情境去体验和享受。在这种状态下,轻松、愉快、新奇、有趣、轻快、安全感引导着我们。

人们可以进行愚蠢的游戏,跟随荒谬的想法。当幸福的内在小孩占主导地位时,我们会感到被爱、与他人相连、安全、有价值、乐观和有自发性。

英格是一名六十五岁左右的社工,她热爱自己的工作。虽然工作很累,但她一直注意保持平衡。英格学会了画水彩画,练习打太极……重要的是,她总是看到事物荒谬的一面。对于她的朋友们来说很平常的故事,她能发现其中的幽默,并能用让大家都开怀大笑的方式来讲述。无论她的年龄大小,她对世界的感知和表述有时就像一个令人惊讶的傻孩子。因为和她在一起的时间总是快乐而轻松的,所以她在哪里都很受欢迎,人们也想体验英格慷慨分享的快乐的童真。

受伤的内在小孩："独自一人在这世间"

被抛弃、被排斥、不信任、羞愧、自卑和情感匮乏的感觉往往源于童年的经历。因此，失去重要的照顾者、与父母分离、亲近之人的死亡，或者类似的带来深刻影响的经历，都会让这种感觉在我们身上扎根。有时是一种感受单独出现，有时几种感受会组合出现，但结果总是一样：我们感受到自己的渺小和脆弱。

大多数人都能很好地判断出哪些感情对自己来说是有问题的。他们知道被抛弃、自卑或二者的结合，会暂时压倒他们，使他们丧失行动能力，并让他们完全偏离轨道。

感受不同，触发它们的情况也不同。以下案例将提供一个线索，让你了解受伤的或被宠坏的内在小孩在你身上发声时可能出现的情况，以及那时哪些感情会被唤醒。也许你在某种情况下会认出它们，想起类似的感觉或反应。

被抛弃

当我们对安全依恋的基本需求没有得到满足时，就会产生被抛弃的感觉。这种感觉连带着我们感知到的对自我和对整个世界普遍的不安全感。它将动摇我们的根基。每一次与所爱之人分离都会留下伤痕，这个伤痕只有通过漫长而痛苦的悲伤过程才能治愈。

　　不过，虽然有些人有过被抛弃的感觉，但实际上这些人并没有被抛弃，他们只是处于受伤的内在小孩的状态。此时，即使身边有亲近的人，他们也会感到孤独，担心自己很快就会被抛弃。但实际情况是，他们是被爱、被尊重的。

　　上文提及的莎拉有一个忠实的好朋友莫妮卡，莫妮卡希望她一切都好，而莎拉其实也知道这一点。但是她觉得自己被忽视了，被冷落了，甚至被背叛了，这样的情况会一直出现。这些性格特征属于她受伤的内在小孩。

　　莎拉感觉受到了重创。莫妮卡与一个她们的共同的朋友见面了，但没叫上她。她指责莫妮卡对她在不在场不感兴趣。如果不是这样，她们就可以三人一起见面了！

　　莎拉的反应很夸张，也很不理智。但她认为自己不得不这样：在友谊的排他性受到质疑的情况下，对她的童年产生决定性影响的感情——被遗弃和被忽视的感觉被唤醒了。而在她的行动方式中，除了不顾一切地伤害之外，没有其他处理这些感情的方式。就这样，受伤的内在小孩让人不愉快的感觉，被她被宠坏的内在小孩的感觉所淹没，她想立即消除孤独和被抛弃感所带来的恐惧。在这个背景下，虽然人们可以更好地理解莎拉的激烈反应，但莎拉身边的人并不真的觉得舒服。莎拉对她的朋友们的固执和赌气就是一个很好地展示内在小孩们如何共同发挥作用的例子。莎拉的行为可能导致像莫妮卡这样的朋友感到很辛苦，并终

有一天不再与她来往。所以，最终莎拉也是在用她的行为伤害自己。

被排斥

人具有社会性，需要与其他人接触，就像需要呼吸空气一样。不仅是接触，人还要有归属感，需要被接受和被尊重的感觉。任何曾在陌生城市生活过的人都知道，当你不知道可以信任谁，不知道谁会为你到这里喝杯咖啡而高兴，且明显因孤独而要盲目与人结识时，那种感觉多么可怕。

因此，我们在一生中一直是不同群体和团队的一部分。我们属于一个家庭、一个班级、一个体操俱乐部、一个瑜伽团体等。我们是同事、朋友、室友，我们需要这种归属感。事实证明，老年人在脱离社会结构的那一刻会迅速退化。如果人在退休后淡出同事圈子，如果随着年龄增长，熟络的家人和朋友渐渐变少，如果因年老体衰而和子孙们无法愉悦相处，那么阿尔茨海默症和抑郁症就很容易找上门。

一些人甚至在这之前就总是觉得没有归属感。他们认为自己"与众不同"，认为自己不够聪明、有趣、有魅力、自信，不足以被人喜欢，不受团体里的人欢迎。诺拉就是这样一个例子。

诺拉喜欢上班。总的来说，这里的气氛非常愉快，互动友好，相互尊重。有时候，同事们会一起做些事情：一起去街角的中餐馆或去圣诞市场。大多数时候，诺拉觉得这样挺舒服的。她时常感到同事们都很欣赏她，尽管她性格安静，但他们还是喜欢她。然而，如果同事们不明确地邀请她加入活动，她会突然觉得自己被排斥，觉得自己不属于他们。

客观上，我们没有理由相信，一次没被邀请就代表她是不受欢迎的。有很多理由可以解释这件事：或许某次活动只有几个非常要好的同事参加，或许一个特殊的团队有重要的事情要讨论，或者且最有可能的是，这是一个共同的活动，任何人想来都可以加入。但诺拉根本想不到这些解释。因为被排斥的经历贯穿了她的整个学生时代，留下了深刻、几乎无法愈合的伤口，以至于即使是这种无恶意的、无害的情况，也会让伤口的痛感再次发作。

人们在童年的过程中可能不得不经历没有归属感、与身外的世界隔绝的状况，比如经常搬家，移民到其他城市，甚至出国居住，等等。所有这些都可能导致被排斥的情况发生。孩子们特别不能容忍这些情况，他们会因此表现得很无情。但不管原因是什么，年轻时长期没有归属感的人，在受伤的内在小孩的引导下，成年后会反复体验这种感觉，甚至在相对无害的情况下也会如此。

不信任

没有人一直顺遂，在生命中一直体验世界友好而亲切的一面，始终生活在一个温暖的环境中，始终被人善良以待。每个人都会在童年和青少年时期遭遇被他人或环境欺负的情况，自己的天真被外界愚弄和嘲讽，外界表现得蛮横无理、不友好，让自己感觉不公或被伤害。通常我们能很好地处理这些经历，但是也有例外。一些经历带来的伤口会超出我们的自愈和抵抗能力。它们深深地烙在我们身上，留下难以弥合的痕迹和伤口。这种经验也就是所谓的"创伤"。它们包括极端无助和痛苦的经历，如受到性虐待、暴力和心理虐待的经历，或在危及生命时逃生的经历。它们不仅给当事人留下痛苦和耻辱，往往还使他们对那些让自己想起创伤经历的情况和人产生极度不信任感。

卡特琳原本是位开朗的年轻女性。在别人看来，她是自由自在、无忧无虑的。但很多人不知道，卡特琳不能忍受男性触碰她。即使是无伤大雅的赞美和调情，也会让她感到不适。她的身体会变得僵硬，几乎哭着离开。

卡特琳小时候曾被钢琴老师性骚扰。钢琴老师是一位年长的，留着油头的宗教狂热分子。他的车上贴满了五颜六色的动物保护组织的贴纸和有宗教意味的贴纸。卡特琳记得他的气味和贴纸的鲜艳色彩。发生性骚扰后，她没有立刻告诉母亲。她很羞愧地觉得是自己的责任，而且也不确定钢琴老师是不是真的做错了什么。有一天，母亲似乎察觉到了什么：卡特琳的物品有股怪味，闻着像钢琴老师的坚果发油。母亲辞退了他，但她和女儿从来没有谈过这个问题。时至今日，母女之间仍有一种巨大的羞耻感。

像卡特琳这样的人，对假定的危险信号反应非常敏感，时刻保持警惕，无论如何都要避免自己陷入无助和任人摆布的境地。对于卡特琳，男性的看起来最无害的接近也会让她惊慌失措。其实现实可能与她想象中的情形完全不同，这全取决于创伤性的情况。比如，一个人同样有可能总是在上学路上被同学欺负，成年后，他不能忍受的就是有人紧跟在自己身后走。所以，受伤的内在小孩即使在完全无害的情况下，也会觉得自己所有的情绪被唤起了。觉察到这一点，就是治愈受伤的内在小孩的第一步——这会让我们最终能以成年人的身份使用更恰当的应对方式。

羞耻和自卑

"真是的，他很笨""米莉娜很臭"或"看，那个胖子"，人们会用这样的方式互相贬低。有时，这样做是出于不安感，因为他们担心如果自己不这样，就会成为被羞辱、轻视的对象，所以选择去贬低别人；有时，这样做是为了体验片刻的权力感。孩子可能尤其无情，他们凭着可靠的直觉，准确地找到别人的痛处，轻易地折磨别人。而大人有时也会如此无情。

刻薄和侮辱带来的伤害很深。不过总体来说，成年人比儿童更善于隐忍。这是因为儿童还没有稳定的意识，不知道自己是谁，能做什么。他们的自我形象还没有固化，基调没那么强硬，可塑性很强。一句无心的评论，比如妈妈说"女儿胖了"，这句话可能会深深地烙在女儿的脑海里，让她在很长一段时间里都抱怨自己的外表，甚至因此患上饮食失调症。遭受贬低性言论或羞辱对待的儿童，往往会形成一种挥之不去的感觉，认为自己有缺陷、自卑或不受欢迎，觉得自己不值得别人的爱、关注和尊重，往往还会产生一种深深的羞耻感。

但这些情况对所有孩子的影响是不同的。一些儿童天生就比较有韧性，不把刻薄的事放在心上，有很强的自我调节机制，会寻求替代环境，让自己在其中可以被欣赏和重视。而还有一些孩子，他们从某种意义上来说极易被别人嘲笑和折磨：就像诺拉一样，他们总是班上的"新人"，属于小众的团体，或者因为其他一些原因而落在已有群体之外。这些儿童特别容易受到攻击，成为受屈辱、被欺凌的受害者。

当布莱恩在路上偶遇以前的同学，甚至当他坐的火车驶入家乡的车站时，他都会感到憋闷和愤怒。而在大多数社交场合，他都是一个非常自信和开朗的人。他有很多朋友，在哪里都很受欢迎，因为他很有魅力，善解人意，很幽默。

布莱恩去了一所所谓的精英学校。他的同学都是中等家庭的孩子。布莱恩在那里一直是个不同寻常、有着另类爱好的孩子。在狂欢节上，他会打扮成农家女或公主。他六岁时就确定："我要穿着黄色的婚纱结婚。"

但一切都随着青春期的到来而改变：同学们在此之前一直接受他的另类，但他突然有了绰号，而布莱恩也无意隐藏和否认自己。于是，他开始化妆，打扮得很古怪，拿着白色手提包、穿着豹纹裤，外套上还戴着水钻胸针。这并不是没有后果的：在布莱恩每天回家路上都要经过的那条地下通道的白墙上，写着黑色大字"布莱恩很奇怪"。敌视和羞辱更是司空见惯。甚至有些老师的态度也让他感到自卑。"其实，我不喜欢奇怪的人。"法语老师向全班同学坦言，"但我尊重你。"

情感缺失

生活中有些父母看起来将一切都做得很好：家庭和睦，有一以贯之的家庭规则，孩子们似乎得到了他们所需的一切。但他们真的得到了一切吗？并不见得。或许他们的一个关键的需求被忽略了：亲密和爱。出身于这样家庭的人，常常会说"到目前为止一切都好"，他们不缺乏情感层面以外的关怀，以至于他们完全无法抱怨。但是孩子需要被爱的感觉，需要确信自己被保护、被照顾得很好。他们长大成人后，往往根本不会受到过分的伤害，毕竟他们不知道自己缺失了什么，但他们也从来没有感到自己对别人真的很重要并且值得被爱。

乌瑟尔一生有很多成就：她在战时和战后养家，养育了两个孩子，支持丈夫，并且是一个完美的家庭主妇，照顾了一切。然而几年前，她的儿子却向她抱怨，说她从来没有爱过他。起初她很愤怒。毕竟她为他做了一切，牺牲了很多，包容了他的很多逃避，让他成为成功人士。但后来她开始有了怀疑。她对自己的母亲到底有何感觉？又如何对待她的丈夫？对待她的孩子？她有没有自己真正与另一个人亲近的感觉？她知道丈夫很爱她，但她感觉到了吗？而且最重要的是她有没有回应他的爱？乌瑟尔自己也是这样长大的：亲密和爱只存在于非常含蓄、不直接的方式中。毕竟，感情和需求是尴尬、可笑的。她怎么能学会什么叫亲近和爱呢？

那么你呢

现在，你对受伤的内在小孩是什么、什么时候会出现，以及会有什么感觉，大体有了一个认知。也许你也认识到了这样、那样的情况或其他感觉。但要注意：每个人都体会过羞耻、不信任和抛弃。毕竟，生活并不总是美好而和谐的。我们会被抛弃，会受到伤害或被欺骗。遗憾的是，我们在成年后的生活中仍然会有这些经历。而当羞耻和不信任能通过眼前的情况被解释时，我们的行为就不是由幼稚的思维模式决定的，而是对具体事情的适当情绪反应。下列情况应该可以证明这一点。静下心来读一读这些语句，然后思考并尽你所能去做决定。

- 我常感到自己在世界上很孤独。

- 我感到自己软弱无助。

- 我感到没有人爱我。

如果你基本同意这些说法,那么可能说明你的感情正强烈地受到受伤的内在小孩的支配。如果是这样,下一步就是问询这种情绪状态的起源:追寻你小时候所受到的长期伤害,回忆那些伤害带来的情绪回响仍在你的日常生活中回荡的情况。你可以对此进行所谓的想象练习。下面的练习可以用来感受受伤的内在小孩。先仔细阅读下面的练习,然后找一个安静的地方静静地实践十五分钟。

⊙ 针对受伤的内在小孩的想象练习(练习7)

找一个让自己舒服的姿势,闭上眼睛。注意几次深呼吸中的气息,感受空气如何流入和流出你的身体。把自己置于最近一次你感到孤独、恐惧或受伤的情境中,即使这些情绪可能在这种情况下并不恰当。让想象在你身上游走,仿佛这些事又发生了一样。

此时你感觉怎么样?你能说出这些感受吗?你能从身体上感受到它们吗?在这种情况下,发生了什么?是什么伤害了你?你

想做什么？你为什么没有这么做呢？

如果你能体会当下的情况，请接着让你的思绪回到童年。慢慢来，观察你会有什么回忆。

你在这些记忆中看到了谁？这些记忆和今天的感情可能有怎样的联系？花时间来想象和回忆，然后按照自己的节奏完成练习。

观察这些感受在日常生活中何时出现。你可以将以下问题的答案记录在本章末的个人内在地图中。

- 我的受伤的内在小孩发声的典型诱因是什么，在什么情况下会出现？

- 当我处于这种状态时，我有什么感受？我在猜疑吗？我感到内心不安？我感到寂寞了？

- 当处于这种状态时，我有什么想法？

- 当我想到自己受伤的内在小孩时会触发哪些记忆或内心影像？它们是童年的记忆吗？是对父母、老师或同学的回忆吗？

- 在这种模式下，我的身体感觉如何？我感觉如鲠在喉或胃部绞痛？我感到胸闷？

- 当我被受伤的内在小孩控制时，我该如何反应？我一般是怎么做的？那时我如何与周围的人相处？

莎拉可能会这样回答这些问题：在她得不到绝对忠诚和关注的情况下，她受伤的内在小孩会被触发。然后，她会觉得自己很孤独、被抛弃、被背叛了。她已经无法客观地解释当下的情况，无法站在对方的角度看待问题。如果她走进自己的内在，追寻与她的这些感受和情境相关联的影像和记忆，她很可能发现它们是童年时父亲离开她或母亲拒绝她的经历，是那些她童年对安全感和联系的需求被忽视和未被满足的时刻。

随着时间的推移以及不断给予的关注，你会越来越清晰地识别受伤的内在小孩，并理解为什么在这样或那样的情况下他会再次出现。

那么别人呢

把你自己放在莎拉的朋友莫妮卡的位置上，她怎么能辨认出莎拉受伤的内在小孩正在主导莎拉的行动？一个线索是莎拉很快就觉得自己被攻击了。她在最小的事上也会反应过度；而有时候莫妮卡并不知道真正的原因，她往往会对莎拉的反应及其感情强度很吃惊。

另一个线索是，莎拉根本不接受莫妮卡的解释。她屏蔽一切，无法对莫妮卡试图做出的解释敞开自己的心扉。对她来说，只有一点是有效的，即自己对情况的解释。

还有一个线索是，一个人不断地向另一人确认，比如问"你

也确定，在你和朋友见面时真的要我在一旁吗"等。

你认识会一直采取受伤的内在小孩这一行为模式的人吗？是某个朋友、亲戚或熟人吗？你还记得当时的情况吗？你能不能用某种方式解释，为什么那个情况会引发这种行为？你能想象那时对方可能出现的感受吗？那一刻，对方到底想要什么，需要什么？

你在那种情况下的真实感受是什么？你是不是想帮助、安慰或拥抱对方，让其开心起来？摇晃他们，对他们大喊大叫？离开房间？你是感到同情，还是因为那个人在那一刻根本不容许别人有任何辩解而感到不堪重负或不知所措，甚至是恼怒？

如果你能很好地记住自己的反应，当你被自己受伤的内在小孩控制时，你可能会学会更好地理解别人的感受。

我心中受伤的小孩（练习单1）

我心中受伤的小孩叫什么？

我怎么知道自己的思想、行为和感情是被我受伤的内在小孩所掌控的？

哪些典型的情况能唤起受伤的内在小孩？

我有什么感受？

我有什么想法？

受伤的内在小孩因我的哪些记忆而产生？

当受伤的内在小孩引导我时，我的身体感觉如何？

在这种状态下，我会有哪些典型的表现？

当我感受到受伤的内在小孩时，我是否经常转换至另一种不

同的行为（比如被宠坏的内在小孩的行为或某种特定的应对策略）？包括哪些行为？

当由受伤的内在小孩引导时，我需要什么？我有哪些需求？

我原本的需求是否被我的行为所满足（比如对感情的需求）？

被宠坏的内在小孩："我要报复！"

和人们把受伤的内在小孩模式比喻成太紧的、挤脚的鞋异曲同工，最适合被宠坏的内在小孩的比喻其实是面罩和鲜红色披风。处于这种状态的人会有所谓的"热感"，比如生气、愤怒和反抗。他们不觉得自己长大了，而是觉得自己像孩子一样。他们克制不住自己并感到无助。在这种时刻，他们可能会彻头彻尾地"脱离了自己"，既无法控制自己的感情，也无法控制自己的行为。他们不再思考，被愤怒支配，变得固执或冲动。

这些强烈的感受也源于童年时基本的情感需求没有得到满足。同时需要说明的是，这些需求在任何年龄段都是合理的，是完全正常的。只是，如果我们的内在小孩在成年后仍然喧闹，那么我们对需求不被满足的反应就是不恰当和夸张的。

被宠坏的内在小孩的另一个特点是，它常常和受伤的内在小孩一起出现。所以我们会体验到混杂的情绪：无助和愤怒，孤独和攻击性，这些是非常强烈且令人不舒服的组合。想想莎拉与朋友莫妮卡的关系：莎拉同时感到无助、受伤和愤怒。她的行为首先是拒绝和固执，而实际上，那时她害怕再次被抛弃。也许你也遇到过这种情况，其实你生气是因为觉得自己受到了不公平的待遇，但是你没有把自己不喜欢的事情说出来，没有表现得很恼火，你那时可能提高了声调，然后突然泪流满面。或者反之，你非常想念一个人，但当他回来时，你的反应却很生硬，很不友好。如果被宠坏的内在小孩发声，你就会有完全不同的感受。你可以在一系列的负面情绪中进行"选择"。因此，重要的是首先弄清楚到底哪些感情占据主要部分以及为什么。是愤怒更多还是不服气更多？你是因感觉自己受到了不公平的待遇而生气，还是因和其他人得到一样的待遇而生气？你到底是受伤了还是被宠坏了？

我想通过以下案例分析来帮助你更准确地识别被宠坏的内在

小孩的感受，并认识到它在哪些情况下会出现。这些例子一方面会让你了解有哪些触发时刻；另一方面会让你感受到类似的时刻也可能唤起你的相应感情。

生气

生气通常是由于基本的情感需求没有得到满足，或者是感觉受到了不公平的对待。有可能你的老板拒绝认可由你完成的项目，或者你的伴侣根本就没有注意到你每天是如何把自己逼到极限来确保家里一切顺利的。

每个人生气的方式不一样：有些人以要求和指责的形式表达，比如"你总是让面包变干""你从来不洗碗"，或者"你有没有想过这让我有什么感觉"等；有些人则会激怒周围的人，提出让周围的人变得难堪的需求，他们的行为甚至称得上肆无忌惮，并认为自己也是这种行为的受害者；还有一些人会把怒气压下去。我们没有被框定在某种固定的表达形式中：我们处理生气的方式，在很大程度上取决于当时的环境和自身的情况。在与老板的对话中，我们往往会压住怒火，而在与伴侣的交谈中，生气则更多地以指责和责备的形式出现。

茉莉亚是位二十岁出头的女性，她不太会拒绝别人，特别是在工作环境下。她很难划清界限，说自己做不了什么事，或者认为某些工作流程组织得不好。她因此做了不少重复的事，又承受了不少本可避免的压力，比如接手别人的工作等。而且她从来没有因此得到过感谢和赞扬，额外的工作量也没有体现在她的工资上。相反，她的上级并不友好，经常早退，工作上遇到难事还喜欢请病假。

虽然茉莉亚早已感觉自己被剥削，但她几乎从不表达。她从一开始就把怒气咽了下去，尽管她在和朋友聊天时总是显得咄咄逼人又很愤怒。每次见面时，她都抱怨自己的困境，但又不能接受别人的建议。

当茉莉亚谈及母亲时，她对母亲的不断抱怨感到恼火：母亲非但没有改变自己的处境，也没有寻求过哪怕一次的沟通对话，她做的一切都是为了父亲，为他打扫卫生，为他服务。这种不断抱怨让茉莉亚很烦心。但茉莉亚并没有意识到，她的行为正在变得和母亲一样：她总是抱怨和咒骂，但又觉得不能担负起改变的责任。

愤怒

生气与愤怒的区别主要在于强度。如果说生气是一团小火，那么愤怒就是一场大火。我们愤怒时，可能会完全失去控制。我们会被愤怒蒙蔽双眼，除了怒气之外，无法感知任何事物，也不考虑自身行为的后果。在这个过程中，我们不仅会破坏东西，甚至在极端的情况下还会伤害自己的身体乃至生命。愤怒会释放出令人想象不到的力量，它平时一般都被小心、谨慎、理智地压制着。不过一旦发作，真的被愤怒冲昏了头脑，即使是小孩子的愤怒，别人也需要用最大的力气来平息。

导致愤怒爆发的原因往往是人们产生了需求被践踏的感觉。大多数人在感到无助，认为自己必须抵御对手时，都会有愤怒的反应。

利亚姆，二十三岁，在一个非常困难的家庭中长大。父母都有酒瘾和毒瘾。利亚姆很小的时候就独自一人经历了很多拒绝和威胁。因此，即使在目前相对良好的关系中，他也继续先入为主地觉得自己不被爱、被抛弃。即使是小小的挫折，也会让他变得愤怒和粗鲁。在这种情况下，他曾经在言语上直接攻击了自己的表姐，尽管表姐一直很信赖他。现在表姐犯了一个"错误"，就是在利亚姆妈妈给她打电话时与她进行了交谈。利亚姆听到时失去了控制，他几乎不能镇定下来，表姐见状很快就生气地离开了。结果，利亚姆气得把餐具都扫下了桌子。盘子、玻璃杯、叉子、刀子等嘈杂地掉落在地上，有些东西被打碎了，食物残渣落在地板上、地毯上，到处都是。

当他看到这些乱七八糟的东西时，他心情顿时大跌。他要花很长时间才能把一切恢复如初，而且他觉得很伤心，感觉自己被抛弃了。他的愤怒，其实是他担心表姐会离开、会背叛自己的反应。

倔强

奥斯卡·王尔德说过："处理好建议的唯一方式就是将它传下去。好建议对自己是没有用的。"事实上，特别是主动提出的建议，通常都带着让人沮丧的"怪味"。那些不断告诉我们做错了所有事、怎样才能更好的人，是非常令人讨厌的，而且他们往往高估了自己。

拒绝这种干涉行为是一种恰当的反应，这是我们在维护自己的自主性，而随之而来的反抗感也是十分正常的。不过有时我们也会做出过度反抗的反应，因为别人可能只是向我们善意地建议，并不想以任何方式剥夺我们的行为能力，也并没有质疑我们的自主性。有时我们甚至不能听从自己原本认为正确的建议，因为我们认为，如果不反抗，就无法坚守自己的性格。这样我们的行为就会有些幼稚，在他人眼中不成熟。

茉莉亚已经抱怨她的工作好几年了。她的抱怨总是一样的，她被剥削，不受欢迎，承受压力……在这些故事中，她总是把自己表现得完全无能为力，只能任人摆布，仿佛别无选择，她必须忍受这一切。当她的朋友们小心翼翼地问她，真的不可能跟上级聊一聊，把问题告诉他吗，茉莉亚就会粗鲁地说她不能承受自己失去工作的结果。她毕竟是员工，不能做那样的事情。

冲动

冲动的人往往追求自己一时的需求，而不考虑可能对他人或对自己产生的消极后果。银行账户空空如也而且衣服柜子满满当当？无所谓，我一定要买那件红色羊绒衫！交工日期迫在眉睫，我在老板那里的透支额和信任额快用完了？无所谓，我想参加这次攀岩旅行！我的伴侣已经精疲力尽了，我已经 3 个星期没有真正陪伴孩子了？无所谓，现在我要先看我最爱的电视剧的第三季。

冲动行为可以通过多种不同的方式表现出来。但它的目标始终是无节制地满足需求。你总是做一些以后会令你后悔的、客观上不明智的事情。这一点外人马上就能明白，他们往往只能对这种愚蠢的行为摇头叹息。事后你才会问自己：我在想什么？而答案很简单：什么都没想！因为有了冲动，就没有了思考。被宠坏的内在小孩只关心自己是否得到了当下想要的东西。

詹妮弗最近搬出了自己的家，现在她住在学生宿舍里。她的房间又小又丑，还脏兮兮的，但她不在乎。她每天晚上都会在某个地方开派对，或者和室友们一起做一些无厘头的事情。推杯换盏，谈笑风生，打情骂俏。詹妮弗喜欢她的新生活：来自世界各地的很"酷"的人、令人兴奋的对话和许多乐趣。她有时也会去大学课堂，但多数早上她都太累了。她一直想多去上几次课，但事与愿违，她总是食言。

期末了,她猛然醒悟。坐在考场上,她毫无头绪。难道她这学期真的什么都没学到?她在想什么?最重要的是她已经破产了!她丝毫没注意到自己花了这么多钱!

詹妮弗在一个相当混乱的家庭中长大,她的父母没什么时间陪她。其实她是由姐姐们抚养长大的。父母难得在家的时候,也几乎没有给她设置任何限制,因为他们认为,孩子应该什么都试一试。

娇生惯养

与娇生惯养相反,冲动的人原则上能意识到自己在做一件愚蠢的事情。而且最重要的是,他们将不得不在某一时刻承受冲动的后果。第二天早上醒来,他们会后悔,后悔通宵狂欢并垂头丧气,懊恼自己的愚蠢。被宠坏的人则不会有这样的自我批评。他们认为只有非常特殊的规则,或者根本没有规则适用于他们,并且不觉得自己应受到与他人同等的义务约束。他们不觉得自己对自己的行为负有什么责任,并坚信别人为自己付出是理所当然的,自己的行为最多只是给周围带来了一点影响而已。

拥有一个被宠坏的内在小孩的人,他们往往是被人捧在手心里长大,他们因此变得骄纵。他们在被挑衅的情况下不一定有强烈的感觉。而当别人不能容忍他们的要求和设下的界限时,他们则有可能做出被冒犯的反应。

前面提到的IT专家利努斯生活中没什么朋友。他最要好的朋友尤里是他在学校里认识的。利努斯和尤里从小就形影不离。但年龄越大，他们的分歧就越大。利努斯理所当然地认为，尤里会做他自己不喜欢做的事情。虽然他已经在自己的公寓里住了很多年，但他的地址仍然登记在尤里那里。他希望尤里在收到重要的邮件时可以通知他，并且可以主动转交给他。另外，因为他的公寓有些偏僻，所以他经常睡在尤里家。他有把钥匙，去尤里家前就临时打个电话。

尤里认识利努斯的母亲。他知道自己的朋友为什么如此不自立和娇生惯养。他在许多方面都迁就利努斯，比如在谈话中，利努斯占据了所有的时间，只谈自己，却没有问过一次他的情况。或者说，当他需要帮助的时候，利努斯从来没有时间，却不断地要求自己帮忙。再有，当尤里来帮他搬家时，利努斯甚至还穿着睡衣，一个箱子都没有收拾。终于，他们关系的不对等性让尤里无法忍受，他疏远了利努斯：毕竟，友谊不是一种一方照顾另一方的关系，至少不是一种一方永远付出的关系。

缺乏自律

几乎每个人都有不自律的时候，这没什么大不了。毕竟高度自律的生活并不幸福。然而，如果一个成年人每日不能负责地完成一定量的任务，那么他既不能主张独立自主，也不能实现自己的目标。一个毫无耐心的人，终将一事无成。那些觉得完成日常工作非常困难的人，最终会陷入可怕的麻烦之中。谁无休止地拖延任务，就将一次又一次地经历难以置信的压力，并不可避免地无法完成任务。

内在有不自律小孩在的人，不一定会被宠坏，因为他没有让别人为自己火中取栗。但这样的组合也很常见，比如利努斯。

利努斯的案例展现了一个被宠坏的内在小孩和不自律的内在小孩以最不适宜的方式一同出现时的状态。他不仅觉得难以完成烦琐、枯燥的日常工作，还深信自己本就不必做它们。比如找房子，一方面这很难，但另一方面也没有必要，因为他的母亲会给他找个地方住。去市政厅登记变更地址也是个麻烦，而且最终也不是那么重要，因为尤里可以处理那些两年后仍会寄到之前的公寓的邮件。在最后期限前完成任务对他来说是困难的。他只有在受到极度压力情况下才会去工作。但后来通常因为压力太大，他甚至交不出任何未完成的成果就辞职了。

由于受到过度保护，利努斯既没有学会忍受无聊工作的挫折，也没有学会自己承担行为的后果。直到今天，他的母亲还在为他分担这两样东西，被宠坏的内在小孩让他还是无法在事业方面立足，无法进一步发展。

那么你呢

愤怒和生气是正常的，往往也是健康的。生气有很多原因：

不公正和不周到，他人的行为不合适并造成持久的伤害，而且还拒不道歉。如果你偶尔生气，完全没问题。但如果你从不生气，那就令人担忧了。

同样的道理也适用于倾向偶尔会把不愉快的事情推掉。几乎所有人都知道这一点，一个人更愿意做舒服、有趣的事，而不是做枯燥、无聊的事，这是符合逻辑的。

只有当愤怒和冲动成为惯常的反应方式，并反复在工作场合、恋爱关系、友谊中引发冲突时，它们才成为问题。产生这些冲突通常是由于我们周围的人不理解我们的不当行为。

我整理的一些说法可以帮助你发现，到底是被宠坏的内在小孩在引导你，还是你只是有时会感到完全正常且合理的愤怒和厌倦。这些句子都是示范性的，重要的是自己的想法：你是否倾向于做出不恰当的愤怒反应？你是否有时过于冲动地满足需求？你会保持自己的判断力吗？

- 一生气，我就大发脾气，有时会失去控制。
- 我什么都想要，而且立刻就要！我做自己想做的事，而且不考虑别人的感受和需求。
- 我破坏规则，做傻事，满足眼前的需求，不考虑后果。事后我后悔了，气恼自己的愚蠢行为。
- 我觉得我不需要同他人一样遵循同样的规则，适用于他人的责任并不适用于我。

- 若要我说实话，我曾经常被告知自己有时会不适当地不服从、有攻击性或固执。

受伤的和被宠坏的内在小孩经常一起出现。我们肯定都知道愤怒或受伤、悲伤或生气的感觉。但这些状态是有本质区别的。受伤的内在小孩几乎始终伴随着负面情绪：悲伤、被抛弃、被伤害等。在被宠坏的内在小孩的支配下，人们常常会体验到自己的强大和坚强。此时会有一种成功反抗的感觉，有时会因为终于让对方看到了界限，不再曲意逢迎而感到自豪，"我向他展示了这一点""我终于做成了""他以为他能对我这么做……他错了"，诸如此类的想法在我们脑海中嗡嗡作响时，我们又一次提高了音调。然而我们常常在事后感到羞愧，回想起自己的行为似乎被夸大了，然后就陷入羞耻、被抛弃和新的冲突。

即使是即时满足需求，人们一开始也会感觉很好！即使有更急的事要处理，大家也还是喜欢买新毛衣，吃得饱饱的，让自己先舒服一点。偶尔放纵一下自己，对自己的要求不再那么严格，其实并不是什么大问题。相反，做不到这些的人才有问题。那些既没有照顾好自己，还对自己期待过高的人，甚至可能会患上职业倦怠综合征。如果即时满足被宠坏的内在小孩的需求，那么虽然短期内是愉快的，但随着时间的推移，面对巨大的困难时，这就会成为问题行为。那些完全没有自律和耐心的人，届时将无法实现自己的长期目标，而那些把一切都甩给别人的人，最终会发

现自己其实很孤独。

在日常生活中，我们要不断在即时满足和自律之间做出选择。刷牙是一件很烦人的事情，但是如果不刷牙，终将忍受更大的痛苦和经济上的损失。每天运动很累，我们完全可以在床上多躺二十分钟，但运动最终是有回报的，当别人都在抱怨腰酸背痛时，保持运动的人可以放松地工作和生活。

一开始，主要是他人认为我们的愤怒和撒娇是个问题。所以，如果你担心被宠坏的内在小孩会时常在你身上活跃起来，可以问问你认识的熟人。如果你从许多人口中听到类似的判断，那么可能原因正在于此。

顺便说一句，承认自己是个被宠坏的孩子是件令人感觉尴尬、不舒服的事。但能不加掩饰地看待这些问题其实是一个巨大的成就！

为了解释你的怀疑是否得到证实，关键是去理解它来自哪里，是什么触发了它，以及你对它的感受，为此我提出了以下问题。

- 让被宠坏的内在小孩变得活跃的典型诱因是什么？在什么情况下会出现这种情况？

- 当我处于这种状态时，我有什么感受？是沮丧、生气、愤怒，还是说更多的是反抗？哪些感情是明显，哪些排在后面？我觉得自己是强大的还是比较弱小的？

- 是悲伤经常跟在我幼稚的愤怒之后，还是两种感觉混在一起？

- 当被宠坏的内在小孩指挥我时，我一般会有什么想法？很多人都遭受过不公平的待遇，我也是如此吗？这种不公正感是由什么构成的呢？

- 我想起儿时的愤怒时，触发了什么记忆或内心的影像？它们是童年的回忆吗？是父母、老师或同学说过的话吗？

- 当被宠坏的内在小孩控制我时，我一般会有怎样的表现？我如何处理与周围人的关系？我如何回应别人，别人又如何回应我？这种互动模式让我想起了什么？想起了小时候的某些人和事吗？

要回答这些问题，你也可以从当下你那被宠坏的内在小孩、你幼稚的怒气或者不合时宜的愤怒被激活的情况出发，做本章练习单 2 中的练习。

利亚姆可能会这样回答那些问题：他的过度愤怒，是他所要求的绝对忠诚和关注被拒绝而引发的。他首先感到愤怒，愤怒的作用是让他感觉自己暂时掌控了局面。同时，利亚姆也感受到了自己的软弱和无助。对他来说，被宠坏的内在小孩总是和受伤的内在小孩一起出现。正是因为感觉受到了不公平的对待和背叛，才会产生攻击性反应。如果他审视自己的内心，追寻与这些感情相联系的画面和记忆，就会发现它们很可能是小时候父亲喝醉酒，家人感到羞耻的情形；或者是母亲只顾自己，完全忽略了利

亚姆的时候，总之，是那些受到威胁和感到孤独的画面与情绪，那些童年时对安全和联系的需求被忽视和未被满足的时刻。利亚姆的周遭环境总是以疏远和退缩来应对他的不可控性、对抗的意愿、攻击性和不理智。

那么别人呢

再想下那个有"路怒症"的司机乌韦，他在驾车时会被愤怒所控制，并危险地高估自己的能力。乌韦不仅在车内肆无忌惮地发泄怒火，也很容易在家里暴跳如雷。

有时候，只需要一点响亮的声音、盘子的碰撞、一点点的笨拙，或者有人忘了关客厅的门，乌韦就会大发雷霆。"毒矮子"是乌韦的妻子在这种时刻对他的称呼，她会离开房间几分钟，直到乌韦平静下来。

如果我们旁观一个认识的人又一次过度且无意义地变得激动，我们常常会觉得自己正在目睹不成熟的行为。大多数时候，我们能根据情况很好地判断生气或生气是否合理。几乎每个人都会认识那种因为一点鸡毛蒜皮的小事而大发雷霆、喜欢无休止激动的人。如果在咖啡馆多等了 5 分钟，他们就马上想和经理谈谈；如果游泳馆没通知就关门，他们就会大吵大闹。而当被问及事情是否真的如此糟糕、是否值得生气时，他们的反应通常是烦躁甚至是哭泣。

当我们体验到一个人被受伤的内在小孩牵着走时，我们往往会本能地产生同情和怜悯。想要安慰和支持对方。然而，当我们身边有人正被自己被宠坏的内在小孩所控制时，我们也会陷入愤怒的情绪或感到无助。和这样的人在一起生活很难，他们一次又一次牵连我们陷入似乎同样不愉快和绝望的境地。这常令人疑惑，为什么一个可爱和理智的朋友，有时会表现得如此反常，甚至像换了个人一样。

如果你想更好地了解一个熟人的这种行为模式，可以试着回答以下问题。如果当事人和你关系亲近，你们还可以一起作答。不过此刻，被宠坏的或受伤的内在小孩应该是安静的，否则就等这个人冷静和成熟下来后再回答也不迟。

- 我能否了解是什么原因引发了当事人这种易怒或冲动的行为？

- 我知道此刻这个人"其实"需要什么吗？愤怒往往是由于一个人感到被排斥，而实际上这个人需要与人接触、被人关注。

- 当我接触到这样的当事人时，我有何反应？我感觉如何？我是觉得可怜还是感到沮丧？我是想支持和安慰对方，还是不愿理睬对方？

我心中被宠坏的小孩（练习单 2）

我心中被宠坏的小孩叫什么？

如何识别被宠坏的内在小孩？

有哪些典型的情况能唤起被宠坏的内在小孩？

我有什么感受？

我有什么想法？

被宠坏的内在小孩因我的哪些记忆而产生？

当被宠坏的内在小孩在引导我时，我的身体有什么感觉？

在这种状态下，我一般会有哪些典型的表现？

当我感受到被宠坏的内在小孩时，我是否经常转换至另一种不同的行为方式（例如受伤的内在小孩的行为或某种特定的应对策略）？包括什么行为？

当我由被宠坏的内在小孩引导时，我有什么需求？

我的实际需求是否通过我的行为得到满足（比如渴望受到尊重的需求）？

• 被宠坏的内在小孩有多"成功"？当事人是否得到了自己

需要的回应？其需求真的得到满足了吗？

- 尤其对于被宠坏的和不自律的内在小孩：我是否知道当事人的这种行为从何而来？我对其父母和其他关系重要的人了解多少？他们或许也是骄纵且冲动的？还是当事人小时候没有经历过挑战？

- 尤其在过度烦躁、愤怒，甚至是有攻击性的情况下：我知道这个人的情绪从何而来吗？我对其父母和其他关系重要的人了解多少？他们是否也可能暴躁易怒或咄咄逼人？还是当事人也许曾经遭遇不好的待遇或强烈的不公？

你已经在自己和他人身上熟悉了被宠坏的内在小孩。为了更好地了解自己身上被宠坏的内在小孩，把自己对上述问题的想法和答案写下来会对你很有帮助。

幸福的内在小孩："二乘三等于四……"

让我们再来看看衣柜：里面挂着总是合身的百搭单品，还有那些用于家庭聚会、公司聚会、面试等特殊场合，让我们穿上会流汗、发痒、不舒服的着装；然后是为了舒适而留着的那些不显眼，甚至有些破烂却让人舒服的衣服；以及那些仅仅是看一眼就会让我们有一个好心情的奇妙面料，购买这些衣料谈不上理智，但它们很有趣，买它们完全不是基于对质量、价格和实用性的考量。

　　我们的内在衣柜里，也挂着同样美好的物件。我们把它们归纳到"幸福的内在小孩"的状态中。在这种状态下，我们会感受到美妙的无忧无虑、兴奋和快乐。快乐孩童最纯粹的角色化身或许是阿斯特丽德·林格伦（Astrid Lindgren）笔下的长袜子皮皮。她与周遭完全格格不入，但她始终关注他人需求，同时会遵循自己的游戏本能和创造力。她用纯真面对世界，所以对虚荣心和妒忌一无所知。慷慨而富有同情心的她，散发着纯粹的生活乐趣，她让世界变成"她喜爱的模样"。

　　我们都应该时常这样做。外在阴云密布时，内在可以阳光普照。人身处压力之中时，应该学会抽时间找点乐子。因为，如果我们不是凡事都那么较真儿，迷雾马上就会消散，工作会轻松很多。

　　关于一个幸福的内在小孩的状态，每个人都会联想到不同的体验。有的人是在和朋友玩游戏，有的人则是在和孙子建沙堡或唱轻歌剧中的抒情曲，这些时候会让人感觉自由自在、无忧无虑。此时内在部分的美在于，它同时满足了几个基本的情感需求：首先是玩乐、游戏和自发性的需求，然后是联系和安全感。如果我们可以放纵自己，可以尽情嬉闹，甚至可以把自己当作小丑，那是因为我们确信周遭环境对自己是友好的。当我们放飞幸福的内在小孩，尽情犯傻和嬉闹，我们就能感受到自己充满幸福感、归属感和安全感。这是多么惬意、轻松、治愈的状态啊！

大多数时候，现实世界会对我们提出各种挑战，甚至表现得冷漠无情。很多人在日常生活中都会承受各种压力，甚至出现压力超负荷的情况，因为他们要不停地努力工作。他们被迫参与越来越没有边界感的职业生活，加班时间越来越长。他们还必须将工作与自己的家庭，以及时不时需要被照顾的父母进行协调，并且这样的状态让人很少有喘息的机会。可即便如此，他们自己还常常给自己压力，就算有空闲时间也很纠结该如何利用。他们想优化自己的生活，只是该怎么做呢？

这恰恰是幸福的内在小孩成为救命稻草的地方：它能对心理问题起到很好的保护作用，因为它用玩笑、胡闹的方式来对抗功能主义的要求，用"认识到世界总是美好的"来对抗个人生活和职业环境中的不愉快。"世界，一切都好！"诗人彼得·哈克斯在一首诗中如是写道。他描述了我们与幸福的内在小孩和谐相处的宁静以及和解的感觉。

对于为自己幸福的内在小孩提供很大空间的人来说，那些受伤的、被宠坏的内在小孩一般影响较小。遗憾的是，反过来也是如此：内心被宠坏的人，他幸福的内在小孩通常发展得很弱。因此，使幸福的内在小孩变强并以使其越发压制有害人格特征的方式发展它，是很有意义的。

但只想处于幸福孩子的状态的想法，既不可行，也不可取。这是一个健康平衡的问题：事实上，没有重大精神疾病的人，大部分时间都由他们的成人自我所引导。但对于这些人来说，有自己幸福的内在小孩也很重要。毕竟，每个人都有疲惫、压力大、过度劳累的时候，也需要娱乐和放松。在这种情况下，进行让幸福孩子快乐的活动就很有益处，这可以平衡那些个人生活和职业环境中明显令人沮丧的情形。

汉娜是一所语言学校的老师，她还是两个上幼儿园的孩子的单亲妈妈，她每天的生活压力相当大。她很早起床，帮孩子们准备妥当并送他们去幼儿园，然后以最快的速度去上班。她的工作报酬很低，收入只是刚好够用。汉娜有时觉得自己很脆弱，好在学校的工作还有和孩子们在一起的时光带给了她很多力量。不过这两者也让她很劳累，但汉娜总是能和她的学生以及孩子们一起玩得很开心。她很高兴，多亏了孩子们，她才可以做些胡闹的事：枕头大战、魔法厨房，以及用她父亲从肯尼亚带回来的独特号角吹奏"音乐"。在学校里有很多机会去尝试新鲜和疯狂的事情，大家很开心，笑声不断。汉娜很受学生欢迎，这感觉很好。如果没有这些平衡她的生活，她很可能会陷入心理漩涡。

那么你呢

你肯定知道，有时世界会突然闪耀绚丽的色彩，然后你会与一切和解，无拘无束地胡闹，觉得自己完全被接受、被联结、被欣赏，你与自我和世界都相处得很好。

然而，这种状态却不能永久维持。烦恼的袭扰、命运的打击、精力的衰退……日常生活大多数时候会被责任填满。幸福的内在小孩无法改变环境，时间依然稀缺，工作依然使人劳累，他人依然不友好。但是，像汉娜一样内心有很多空间来容纳幸福小孩的人，可以用一些美丽、快乐和友好的东西来对抗这些经历。他们创造了自己的快乐领地，从而达到了一种补偿和平衡，让自己不容易产生沮丧和疲惫感。你可以通过以下练习与你幸福的内在小孩建立联系。尝试回答这些说法在哪些情况下有怎样的适用性。

- 我感到被爱和被接受；

- 我很满足且很轻松；

- 我相信其他大多数人；

- 我是一个随性又爱玩的人。

⊙ 与你幸福的内在小孩接触（练习8）

　　换个舒服的姿势，闭上眼睛，注意放松呼吸，然后把自己放在一个无忧无虑的情景中。

　　感受一下，那里发生了什么？那里有什么？你产生了哪些感受？为什么你能如此放松？此时你的身体有什么感觉？

让你的想象力游走于童年间。那里有与美好感情相关的记忆和人吗？

尽量保留练习结束后的温暖感觉。

大多数人都会抱怨，认为他们很少感到快乐、无忧无虑和放松。如果你想更充分地利用这个能量库，你必须首先找出什么能引发你进入幸福的内在小孩的状态，你需要做什么才能放松下来并感到幸福？

- 哪些活动、情境和人能让我幸福的内在小孩出现？
- 我最近一次与幸福的内在小孩沟通是什么时候？回想过去几周，研究一下你什么时候感觉特别开朗、快乐、轻松？
- 什么属于我幸福的内在小孩？什么特别重要？是某些人、某些活动或更确切地说是某种情境条件（比如周末或好天气）？
- 什么事情能更容易让自己幸福的内在小孩变得活跃（耐力训练、击鼓）？

如果你觉得自己从来没有感到快乐和无忧无虑，你的生活满是义务和责任，那么请记住，生活很少是完美的。即使你不记得自己幸福的内在小孩曾经活跃过，曾为生活增添过快乐和活力，

但你也一定在某一刻曾享受过五彩斑斓的树叶和金光闪闪的美丽秋日，也曾为孩子的一句有趣的话语而会心一笑，或者在和同事们一起头脑风暴时有过疯狂的想法。所以，肯定有一些出发点，可能是某种事情和情境，能让你更接近自己幸福的内在小孩。强化它们很重要！

那么别人呢

汉娜的学生很欣赏她，因为她的快乐和笑声很有感染力，而同样具有感染力的还有活跃中的幸福的内在小孩。如果我们身边的人受到了幸福的内在小孩的引导，也会让我们更接近这种状态。在他们周围，我们也会觉得更快乐、更轻松、更有归属感。这些人散发着积极的情感，所以我们亲近他们。

相反，和内心中有受伤的或被宠坏的小孩的人相处，会更吃力、更让人感到沉重，这也是为什么我们倾向于避免接近他们。遗憾的是，那些已经有被接纳感和安全感的人会更受欢迎，更容易交到朋友，而经历过背弃和不被爱的人，事实上更容易被抛弃、被漠视。

露易莎是位四十多岁的女性，她是飞行员，单身。她有一个亲密的朋友圈，这个朋友圈类似一个替代家庭，在某种程度上，露易莎是太阳，所有人都围着她转。她有着迷人的笑声与笑容，以及风趣、迷人的幽默感。她对一切事物都充满孩子般的好奇心：异域国家、新奇的美食、新书、音乐、运动，她在吃冰激凌或意面时的几分钟会默默惊叹——这一切都吸引着人们关注的目光。每个人都邀请她，他们知道露易莎来参加聚会只会带来欢笑。她的同事都希望能和露易莎一起工作，有了她，即使工作在这样一个狭小的空间里，紧张的工作仿佛也都变得更有趣、更容易处理了。

现在请仔细思考，在哪些情况下，你幸福的内在小孩会变得活跃？你在这种情况下的感觉如何，有什么行为，脑中划过什么想法和图像？将答案写下来或画下来。

我心中幸福的小孩（练习单 3）

我心中幸福的小孩叫什么？

有哪些典型的情况能唤起幸福的内在小孩？

我有什么感受？

我有什么想法？

幸福的内在小孩因我的哪些记忆而产生？

当幸福的内在小孩引导我时，我的身体有什么感觉？

在这种状态下，我一般会有哪些典型的表现？

第三节

我们的内在审判者如何产生并起作用

卡特琳记得很清楚：1963 年 3 月，一个美好的春天，空气中还带着湿气，但已经有些暖意，明媚的阳光穿过初生的嫩叶。她和父母以及妹妹艰难地爬上小树林的山坡来到教堂。卡特琳的坚信礼 [①] 即将在那里举行。但她和母亲一样，对教堂和宗教不甚了解。"为什么要做这些呢？"她问道，虽然她知道答案：就像精致修剪了毛发的贵宾犬、炫酷的跑车和昂贵的毛呢大衣一样，仪式也是为了向外界展示一个好的形象。但是，家里的一切似乎都不对劲。她的父亲总会一连消失几个星期；母亲总是带别的男人回家；父母喝多了就会打得不可开交，然后又和好如初。他们看起来很得体、很有文化，实际上却混乱不堪。

"得体"的还有她妈妈给她穿的那套糟糕的衣服：一件深蓝色的连衣裙，领子竖立到耳朵上，还有一圈很可笑的、让人发痒的花边。整件衣服都是用一种散发奇怪光泽的聚酯纤维制作的，

---

① 是基督教的礼仪。——编者注

穿上它会让人汗流浃背，"恨天高"的鞋子让她根本走不动路。她觉得这身打扮很不舒服，而且很古怪。卡特琳清楚地记得自己是如何在去教堂的路上摔倒的。她的母亲感到非常尴尬，母亲没有问卡特琳是否安好，也没有为这双愚蠢的鞋子道歉，而是嗔怪道："你总是要把一切都弄糟吗？"

法国哲学家、教育家卢梭写道："许多孩子都有很难教育的父母。"家长利用孩子来满足自己的需求，忽略和不顾及孩子的感受。这种情况时有发生，几乎是不可避免的，毕竟父母也是普通人。他们有长处也有短处，有远见也有盲点。很多父母做了很多正确的事情，但也犯过一些错。他们可能在给予爱的同时，也对孩子要求过于苛刻。他们关心、关注孩子，但同时也过多干涉孩子，前后矛盾。虽然他们始终如一、用心良苦，但终究会被冷眼相待。比如，乌瑟尔在很多方面都是一个模范母亲，但由于她从来没有学会表达情感，所以也无法对自己的孩子承认这一点。

即使是力求事事都做好的父母也会犯错误。有时候，就像案例中过度保护孩子的父母一样，给予孩子的好东西太多，反而会造成伤害，让孩子们既没有认识到自己的极限，也不清楚自己的能力。

本节介绍了那些给我们带来很大压力、轻视我们并引发被拒绝甚至被憎恶感觉的人格特征。它们让我们相信，我们不聪明、没有吸引力、不可爱、不够好。没有人一出生就会拒绝自己，是别人在我们小时候教会我们怀疑自己、贬低自己，对自己要求过高，并且我们直到成年后也没有忘记这些。即使我们早已长大，内在的声音也会继续出现，告诉我们自己的不足。这些信息可追溯到很久以前，如果我们对此置之不理，就会一直接收这些信息。

我们在这个语境中说的是一个苛刻的或惩罚性的内在审判者。与内在审判者相关的思维和行为模式都不利于我们体会幸福。如果内在审判者是一款产品，那么其包装上一定要有骷髅头标志，并注明：请远离儿童！受内在审判者驱动而产生的行为通常会带来负面的影响，比如当一个人倾向于给自己施加过大压力时，他通常不允许自己满足自身的需求，会把自己的感受当成可笑的事，或者因为一些小事反复贬低自己。"内在的审判者"这个概念包含了我们内心所有的声音，这些声音在童年时通过贬低、过高的要求甚至虐待根植于我们的感情、思想和行为。

在大多数情况下，产生内在审判者的因由可以追溯到父母、兄弟姐妹，也可能是亲戚、老师或同学让我们成年后仍然贬低自己、承受压力。

内在审判者通常与受伤的内在小孩并存。

也许你知道这种情况：你的老板给你一点关于工作的反馈。这在职场上是一件再正常不过的事情，你其实完全可以为此感到高兴，因为老板花了心思仔细确认你的工作成果，并提出了改进

建议。但是如果你有一个强大的内在审判者，你就极易崩溃，并且会认为，我是不是太笨了？我有什么做的不对吗？甚至害怕自己被开除。

或者你的伴侣说了一句有些批评意味的话，也许只是一个玩笑，而你却已经深感受伤，开始怀疑自己，感觉不被爱，害怕这段关系要结束了。

在这种情况下，内在审判者就会被唤醒了。它会在你身边聒噪："你什么也做不好！""马马虎虎，还是老样子！""你又生气了吗？"你受伤的内在小孩此时也会马上发声，觉得自己无能和不可爱。根据你童年的经历，你会感到软弱、无助或羞愧。

内在审判者和受伤的内在小孩喜欢结成一个致命的联盟。他们有很多共同点，比如两者都有害且会纠缠和折磨我们。因此为了应对他们，区分两者是很重要的。归根结底，这两种状态都需要被弱化。受伤的内在小孩迫使你表现得不自信和幼稚，内在审判者的声音也会起到这样的效果，它告诉你，你什么都做不了，什么都不是。贬低你的声音虽然有侵略性，却是外来声音，需要被压制，而受伤的内在小孩却是你需要被安慰和治愈的一部分。区分受伤的内在小孩和内在审判者是很重要的，尽管两者经常一起出现。区分两者可以更好地让两者都丧失行动能力，让内在审判者变得平静，治愈受伤的内在小孩。

你是否已经认清了自己内在审判者的声音？不管它说什么，

对每个人来说它都是有害的。因为它阻碍了我们用本真的样子看待自己,接受自己,认清我们的潜力,并充分利用它。它是架在我们脖子上的磨刀石,是故障发动机,让我们即使在满油的情况下也只能行驶几千米。一定不能让它们握有这么大的权力!你可以让内心的那些声音安静下来——这本书正是想帮助你做到这一点。

想要弱化它对你的影响,第一步是要感知内在审判者的声音,感知它是如何运作的。内在审判者可以传递出截然不同的信息。虽然它的声音几乎都是要求或指责,但内容却大不相同。因此,最重要的是,充分了解自己的内在审判者。问问自己,他从哪里来?他传递的信息是什么?是否有具体的某个声音烙在我的脑海中?他是苛刻的、惩罚性的还是两者兼有?他会在哪些情况下出现?那时我的感觉如何?我有何反应?

三种声音

内在审判者可以在成就上、情感上要求较高,即表现得很苛刻或具有惩罚性。当他对成就提出要求时,当事人会感到挫败;当他对情感提出要求时,则会引发当事人的内疚。而惩罚性的内在审判者则会令人感到羞辱。

对成就要求较高的内在审判者

对成就要求较高的内在审判者，通过提出过高的要求给我们带来压力。没有人永远是人生赢家，而且更重要的是，你永远不能，也不一定要做到最好。对于孩子，尤其是对于那些天赋很高的孩子来说，当他们第一次遭遇失败，第一次考了 4 分[①]时，一定很难受，有些人甚至失声痛哭。但成年人应该学会，不因一些事情没有达到预期就完全质疑自己。如果这些事情是难以满足的、不切实际的，就更不应该因此觉得自己很失败。成年人应该学会接受现实，知道自己是谁，有什么能力。如果你很难做到这一点，说明你可能处于苛刻的审判者思维模式之中。

你已经认识了上文中的乔纳斯，那个雄心勃勃的，觉得很难放开手脚玩耍的法律系学生。乔纳斯身上就有一个非常苛刻的内在审判者一直工作着。

乔纳斯的父母非常疼爱他，愿意为他做任何事情。他们深爱自己的儿子，为他感到骄傲。乔纳斯是家里第一个上大学的人。他的父亲事业有成，在经历了学徒阶段后，他一直在一家公司里工作，最终爬到了高位。尽管如此，他还是一直觉得自己不如身边那些上过大学的同事，他从来没能真正地在他们面前表现出笃定和自信。所以他无论如何都希望乔纳斯能考上大学，最好是学

---

① 4 分在德国的算分系统中为及格分。——译者注

法律。乔纳斯还年幼时，就明确知道父亲想让自己成为，或者说自己应该成为一名律师。从上学的第一天起他就相信，如果不能取得好成绩，父亲会非常失望。想到这里，乔纳斯开始不受控制地抽搐，直到今天他也不能准确地说出，自己是不是为了父亲才成为律师的。他仍然时时、处处争做最好，因而给自己施加了巨大的压力。他认为任何事如果做不好都会让父亲失望。

对情感要求较高的内在审判者

这个内在审判者并没有刺激我们表现得越来越好，而是要求我们不断地照顾别人，甚至为别人牺牲自己，忽略自己的愿望和需求。

孩子首先要认识到，别人也有需求。他们一开始是自私的，然后家长、保育员和老师会告诉他们，坐在他们旁边的小弟弟也想吃冰激凌，或者他们的小妹妹现在需要休息，所以他们必须安静一点儿。孩子们如果没有学会这种形式的同情和体谅，以后就会成为让人难以忍受、缺乏教养的人。

因此，让孩子具有体谅他人的意识是一项重要的教育任务。但在这个基础上，不要忘记认真对待孩子的需求和感受，让他们知道这些也是合理的。如果你有一个强大的、情感上要求很高的内在审判者，那你很可能会在人际关系中的设定界限方面或在表达自己的愿望时出现问题。这个内在的声音不是"你总是要做到

最好"，而是"你总是要讨好每一个人"。

卡洛斯的女友弗兰兹二十岁出头，正在学习特殊教育。她其实是一个生活乐观的年轻女性，但很快卡洛斯就发现有些东西不对劲。弗兰兹不会说不，无论谁请她帮忙，她都会答应，就算是让她做她无法承受的事也不例外。弗兰兹虽然并不富裕，但她对别人十分大方。她喜欢给别人买礼物，但从不犒劳自己。当卡洛斯有一次问她为什么这样做时，她竟然大哭起来，她说自己没有足够的钱，她也不需要任何东西。

卡洛斯大吃一惊。他认识弗兰兹的父母，她的父亲虽然有些暴躁，但总体来说，他们都是讨人喜欢的人。弗兰兹也没提过什么特别的事。但随着时间的推移，卡洛斯发现弗兰兹的母亲一直在生病。她有时会感觉偏头痛，有时会有背痛、过敏或胃病，然后大家都抢着讨好她、照顾她。这或许就是弗兰兹过度保护他人的理由。

弗兰兹的父母虽然很爱她，却没有让她知道自己和别人一样重要。另一个例子是安雅，那位母亲患抑郁症的心理治疗师。她也从来没有了解到自己的需求是重要的。与其说是母亲在照顾她，倒不如说是安雅在照顾母亲。如今，她虽然富有同理心，但当她不能或不想再这样做时，她无法完全划清界限或说不。弗兰兹和安雅都是典型的对情感提出高要求的内在审判者十分活跃的案例，并且如果她们不顺从他，就会产生巨大的负罪感。

惩罚性的内在审判者

这不是关于索取或要求的问题。惩罚性的内在审判者并没有给人真正施加压力，没有强迫行为，也没有给人某个明确的目标，不会刺激人去表现得更多或牺牲自我。他传达的信息通常都是贬义的，比如，"你总这么笨手笨脚""你是不是做什么都太笨了？""你就不能做点对的事"他会告诉当事人"你一直无精打采"，或是"你这个不中用的人""可惜不是最漂亮的"。还记得苏珊娜吗？那个年轻的女人，她极度自我怀疑，并且有糟糕的关系模式。

苏珊娜深受惩罚性内在审判者之苦。她的父母用不同的方式让她觉得自己不够聪明，也不够漂亮。父亲认为她不够聪明是因为苏珊娜对自然科学缺乏兴趣，母亲则是出于苏珊娜的外貌和行为认为他不够漂亮。直到今天，苏珊娜的自我形象依旧是由她父母的贬损所决定的。因此，她无论是在职业方面还是在与他人的关系中都没有得到满足。这不禁让人猜测，如果苏珊娜的音乐和社交天赋得到了认可和积极的强化，她现在可能已经有了不错的发展，而不是中断学业后在一个个低薪的工作岗位迷茫地徘徊。她的感情生活也是如此，如果苏珊娜的父母让她产生自己值得被爱的感觉，那么她可能不会一次次满足于那些以各种方式贬低她的伴侣。

我们得到的不同信息

内在审判者有典型的信息。在通常情况下，这些信息甚至是非常具体的会给我们留下深刻印象的话语，因为我们经常在影响深刻的情况下从父母那里听到它们。在此列举一些相对具有代表性的例子，它们将帮助你识别那些带给你困扰、压力或贬损你的话语。

对成就要求较高的内在审判者常会有下列表述。

- "你必须一直是最好的。"
- "如果不完美，那就毫无价值。"
- "如果你不瘦，你就永远找不到男朋友。"
- "错误发生在别人身上，但不会发生在你身上。"

对情感要求较高的内在审判者常会有下列表述。

- "你必须帮助别人。"
- "不要把自己的需求放在第一位，那是自私的。"
- "做孩子的完美母亲。"
- "你必须做的和你想做的 / 往往是对立的 / 要做就要做到最好 / 不是做你想做的，不是，而是做你必须要做的！"（一位母亲写在诗集中的内容。）

惩罚性的内在审判者常会有下列表述。

- "你只是很尴尬。"

- "如果有人真的了解你,他们就会远离你。"
- "如果你没出生,事情会更好。"

对大多数人来说,父母有害的声音会于特定场景,通常是在同一种场景下,在我们的脑海中响起。这时受伤的或被宠坏的内在小孩也给我们带来负面情绪。但有些人也会承受一个强大的、几乎总是很活跃的内在审判者带来的痛苦。

几乎在所有情况下都起效的惩罚性内在审判者

安德里亚是和修女们一起长大的。从小到大,她的行为都受到严格的约束,顶嘴和微不足道的错误都会被严厉处罚,比如被罚工、不许吃饭、当众批评。任何身体上的享受,不仅是性行为,也包括简单的身体接触,比如让自己变得漂亮、长时间的热水淋浴等,都会被拒绝、妖魔化甚至被惩罚。

如今,安德里亚几乎在任何方面都无法重视自己,不能让自己享受。除了食物,淋浴、性爱、按摩甚至是温暖的阳光等身体享受,对她来说都成了"禁忌"。如果她犯了一个小错误,她就会很痛苦,觉得自己应该受到惩罚。因此,安德里亚长期处于抑郁和不稳定的状态之中。她需要一个漫长的治疗过程才能学会如何克服惩罚性的内在审判者,并更加爱护和宽容自己。

很少受限制的对情感要求较高的内在审判者

罗茜是养老机构的一名护理员。与她的许多同事不同,她善于设定界限。她热爱自己的工作,善解人意,会倾听他人的诉求。但她知道,人在这份工作中很快就会倦怠甚至有把自己累垮的风险。所以罗茜定下了非常明确的规矩:8小时后,工作时间结束;她倾听每个人的诉求,但不会让自己接收超过健康限度的信息;如果超过了她的限度,她就会说出来。对于这样的规矩,老人们都表示很理解她。

不过,癌症晚期的老人是个例外,罗茜不能对他们说不。有时在下班后,她还和他们坐在一起很长时间,倾听他们的诉求或者跑前跑后地照料他们,假期中还要处理重要事务。她花了很长时间,想尽各种办法为这些人带去一点快乐。这一切其实都很美好,也非常值得尊敬。也因此,罗茜一直忘记了照顾自己。工作已经足够辛苦了,周末她更需要休息,做一些有趣的事情,和朋友们一起去亲近大自然。但当罗茜又遇到这类特殊情况时,那些放松计划就都被搁置了。

在一次关于预防倦怠的培训课程上,罗茜思考为什么恰恰在面对男性癌症患者时,她会失去了原本出色的设定界限的能力。她惊讶地意识到,这其实是她小时候的行为模式。罗茜的父亲在去世前与多种癌症斗争了多年。罗茜的母亲是一名护士,当时母亲要轮班工作，所以罗茜不得不在很小的时候就开始照顾她的父亲。当她仔细研究癌症老人所引发的她的感受时，她发现这和自己之前作为女儿对赡养父亲的感受非常相似。

下面将进一步详细描述对成就要求较高的内在审判者、对情感要求较高的内在审判者及惩罚性内在审判者这三种有害的内在审判者类型。

对成就要求较高的内在审判者："首先是工作，然后才是享受！"

除了黑色的西装和熨烫过的白衬衫配领带，再没有其他打扮更适合对成就要求较高的内在审判者了。衬衫的扣子要扣到最上面然后固定住，领带的颜色不能太花哨，要系得很紧。一些人可能会将这些衣服与成功和投入地工作联系在一起，但另一些人也会将之与缺乏想象力和不放松联系在一起。黑色西装当然是一种经典，但和所有的经典一样，它也会显得乏味。毕竟，它不是特别舒适，也不实用。

形象地说，一直这样穿着的人内心明显有对成就要求较高的内在审判者。他们忘记了如何表达自己的个性，忘了如何放松。他们认为，除此之外，别无其他选择来替代这身代表成功的经典制服。他们把所有的注意力和精力都投入自己的职业提升。在当事人隧道式的视野中，生活被缩小成了勋章的大小。在这一过程中，他们失去了其他所有让生活有价值的东西：放松、乐趣、游戏、朋友、爱情、兴趣⋯⋯结果，他们缺少帮助其更好地应对那些非紧张和高强度工作的日常生活。

此外，一方面，他们对成功的想象完全被夸大了：他们不仅要做好，还要做到最好，并且要一直做到最好。显然，这种要求是夸张且不现实的。永远表现出最佳状态、永远不犯错误是根本不可能的。因此，即使人在客观上表现良好，这种追求成就的思维模式也会不断造成失败的感觉。只有在成功到来的那一刻，他们才会感到幸福，感到值得被爱。另一方面，对他们来说，在没有成功的情况下，世界仿佛随时会崩溃。他们怀疑自己，怀疑自己的能力，怀疑自我价值。比如，在学校里的成绩一直都是最好、没有竞争对手的学生，却突然害怕自己考不上大学，虽然就算在这种情况下，他的成绩也是好的，至少是稳定的。

追求成就的内在审判者会在已经与成就观念密切相关的三个领域学习、工作、运动中特别活跃。在工作中，可能出现的结果是职业倦怠，因为人们顾不上休息，追求完美主义，设定过高的目标。同时，这种状态下的人几乎忽视了所有与工作无关的领域。他们不允许自己有任何休息，把成功、工作和纪律放在乐趣、喜悦和放松之上。

女性会在外表方面尤其感受到这种压力，会经常抱怨自己身材不好，这种状态是外人无法理解的。她们虽然看起来完全正常，但是总会觉得自己不好看、很胖。电影和广告已经定义了一种理想化的美作为标准，但事实上甚至只有不到 3% 的人符合那样的标准。不幸的是，那些形象已经塑造了许多小女孩的自我认知，她们很早就知道自己不符合社会的标准，并因此排斥自己的外表。一个人如果有了对这方面提出较高要求的内在审判者，就会在饮食和运动上不断地对自己提出要求并约束自己。营养图摆在那里，每一粒小熊橡皮糖的代价是在健身房多运动十五分钟；有些人在圣诞节的盛宴后会看着体重秤震惊地对自己说："怎么会这样！"然后从现在开始就少吃一点，多动一点。而苛刻的内在审判者较活跃人则会陷入恐慌，他们觉得自己很丑，希望最好能躲起来，并怀疑自己是否还值得被爱。

是什么让人受刺激并形成对成就要求较高的内在审判者

关注好成绩

当父母、老师或其他关系亲密者对孩子提出了过高的要求，让孩子承受了较大压力，对成就要求较高的内在审判者便开始形成。

妮娜告诉我们，有一天她在学校只得了第二名时，她彻底崩

溃了，她害怕妈妈失望。但母亲之所以一直对妮娜期待甚高只是出于好意，她希望女儿事事顺遂，能有一个幸福、美好的未来。

家长以表扬成绩的形式给予孩子关注和认可，这本身是好的。但他们也应该表扬孩子的付出，以及或许不算成功的努力。秉承"不打骂就已经是表扬了"的教育观念，可能会导致恶劣的后果。毕竟孩子即使在成绩不理想的时候，也需要感受到自己的重要和被爱。

因表现不佳而被剥夺爱

特别是当孩子表现不好或只是不出色，就被剥夺了亲情和关注时，情况会变得更具有戏剧性。比如，妮娜的妈妈对她考了第二名感到失望，对她不理不睬。而受到这种不良待遇的孩子，虽然会无比努力，为了避免再次让父母失望会拿到最好的成绩，但他们不会在这种方式中发展出对取得好成绩的成就感。相反，如果没有达到预期，他们就会觉得自己不值得被爱，没有价值感。

在妮娜的案例中，表扬和要求之间没有平衡点，但第二名也应是一个很大的成就。父母对孩子的成绩不予表扬，就会导致孩子拼命地追求越来越好的成绩，希望能取得足以赢得父母认可的成绩。然而，由于他们童稚的视角，他们还看不出这种努力方式可能永远不会有尽头。

以成就为导向的系统

这一现象往往在从事竞技运动或努力学习乐器的孩子的身上表现得特别明显。问题也许根本就不在于家长,而是在于有一个好胜心过重的网球、游泳、小提琴老师认可了孩子的天赋,却把孩子的生活变成了地狱。那么,竞技运动或某一乐器就不再是关于运动或音乐的乐趣,而是关于成功。但成功永远不会真正到来,因为没有终点:获得小范围内的冠军不是庆祝的理由,因为下一步要为成为地区冠军训练。平台越来越大,竞争越来越大,赢的难度越来越高。这种好高骛远的体育教练或音乐老师,往往不仅让孩子们失去了对体育、音乐的兴趣,也让他们失去了天赋。这些人更要为那些如此成长起来、成年后永远不能满足于自己的成就的人负责。

马格努斯还记得,小时候他水性很好。他喜欢关于游泳的一切:游泳池里雪白的瓷砖、阳光透过水面落在手上,以及失重的感觉。当他的朋友西蒙加入游泳俱乐部时,他也想加入。他的教练人很好;和其他人一起游泳、嬉戏,非常有趣。有一次,女教练把他拉到一边说:"马格努斯,你真有天赋。我跟哈利谈起过你,他很希望你能加入他的少年队。"马格努斯非常骄傲。一开始很好玩,虽然在哈利那里没有了和大家一起胡闹的时刻,但他觉得现在自己被认真对待,被当成大孩子了。很快,他就成了组里

游得最快的，不到一年时间他就游了第一场比赛，而且还赢了奖牌！之后，更多的奖牌和奖杯在他的房间里堆积起来。

但随后他迎来了地区冠军赛。马格努斯像疯了一样训练。哈利要求他近乎要做到完美。上学前、放学后，以及周末，他所有的课余时间都用来训练。但在地区赛上，他只获得了第八名。这是一场灾难。马格努斯至今还记得教练那张失望的脸。

今天，马格努斯已经对游泳失去兴趣了。他学起了瑜伽，学习商科，并注意到自己在考试前总会感到巨大的压力。如果他没有得到优秀的成绩，就很容易觉得自己是个失败者。这种强烈的感觉让他想起了在游泳训练中的经历。

父母为孩子树立价值观

有些父母没有明确要求孩子有怎样的表现，但他们自己却过着非常注重成就的生活。在这种情况下，孩子会学习父母的行为：观察父母有哪些价值观，哪些对他们重要，哪些不那么重要。如果父母强烈地以职业成功来定义自己，很少让自己休息和放松，也很少玩乐和享受，那么孩子很可能会采取类似的行为和思维。可见，父母就是样板。

是苛刻的内在审判者还是健康的抱负心

如今我们生活在一个对自己要求越来越高的世界里。这也是为什么自我提升类的参考书如此流行。每个人都必须在劳动力和合作的自由市场中尽可能地推销自己。但工作上的成就不仅源于经济，随着收入的增长，我们从别人那里得到的重视和尊重也会增加。运动上的成功和出色的外貌也会产生同样的影响。

一方面，我们生活在一个令人疲惫的世界里。有时我们几乎无法确定，自己到底正在满足谁的需求和欲望，在追逐谁的目标。我们常常给自己施加不必要的压力。另一方面，我们的确需要一定的野心，因为我们不仅要在这个世界上生存，还要得到对自己而言重要的东西。而个人的成功会让我们感到高兴和自豪，会增强我们的自主性和自信心。它让我们感觉到自己还能做到什么，我们不是无助的、有依赖性的，而是独立的、有能力的成年人。

健康的抱负心让我们前进，而苛刻的内在审判者让我们退缩，那么这两者之间有什么区别呢？回答这个问题的最好方法是问自己另一个问题：有这份抱负，我过得怎么样？我在多大程度上可以满足成功以外的其他需求？我是否因为这份抱负而受到失眠、挫折或倦怠的制约？

一方面，如果你不能再从事愉快的活动，无法享受生活、放松自己，那么即使什么都不做也不会有负罪感，此时你的行动很可能被有害的内在审判者的声音所引导。另一方面，如果你只是单纯的工作比较辛苦，但除此之外一切安好，这份抱负心能让生

活变得美好且舒服，那么你的野心很可能是健康的。

卡尔在广告业工作。管理创意部门是他的梦想。对他来说一切都刚刚好：他经常出差，可以发挥创造力；在一个优秀的团队中工作，可以贡献自己所有的技能，得到很多认可，也有很不错的薪水。他的一些朋友戏称他是工作狂。事实上，卡尔对自己的职业成功很自豪，并在工作中投入了大量时间和精力。相对地，自由时间对他来说是神圣的。无论是在别人看来多么紧急的事，都不会让卡尔在周末或休假时打开公司的电子邮箱。他有意识地享受自然，与家人共度时光，开车时听听音乐，在乡村客栈吃饭。

卡尔可能并不会受对成就要求较高的内在审判者之苦，他只是有健康的抱负。工作之余，他过着充实而快乐的生活。

那么你呢

你可以用下面的描述来检查自己是否可能被一个要求较高成就的内在审判者所驱使。如果符合下列说法，你很可能被这种有害的思维模式所引导。

- "工作第一，享受第二。"——在做完所有该做的事情之前，我不会给自己放松或玩乐的机会。
- "满满的压力。"——我一直在压力下完成和实现事情。
- "我总是付出百分之百！"——我是一个十足的完美主义

者，尽量不犯任何错误；如果因疏忽发生了什么事，我会严厉地批评自己。

⊙ 苛刻的内在审判者 1（练习 9）

> 想象一下，你把很重要但不是特别紧急的事放下，先去晒着太阳喝杯卡布奇诺，只因为现在天气太好了。
>
> 这感觉如何？你能享受这杯卡布奇诺吗？你认为毕竟其他的事情不是特别紧急，还是说你会感到不安、有压力？如果你的感受是后一种，这可能暗示你身上存在苛刻的内在审判者。

那么别人呢

你知道那些已经完全超负荷工作，还要让自己再负责两三个项目的人吗？知道那些已经饱受工作压力之苦，同时还考帆船驾照，周末还安排另一个摄影项目的人吗？知道那些在晚上十一点还坐在电脑前完成展示报告内容，文字间都找不到一个多余空格的人吗？受着对成就要求较高的内在审判者之苦的人，其实总是压力很大，经常表现出过度的完美主义，他们一般会给自己带来

太多的负担。

我们大多数人都有一定的惰性，知道什么时候应该偷偷溜走，以避免被要求做任何不愉快的事。当在办公室里遇到不愉快的额外工作时，我们很想赶快喝上一杯咖啡。但也有一些同事从不推脱。他们完全超负荷地工作，一次又一次地承担别人不愿意做的任务。为什么这些同事不能像其他人一样回避呢？可能是因为他们被一个突出的、对成就要求较高的内在审判者所引导。但也不一定都是这样——其中一些人可能仅仅是不擅长推辞和拒绝。然而，如果有人仅仅因一次没接手额外的工作就立即产生糟糕的感觉，那么他很可能被一个高度活跃的对成就要求较高的内在审判者引导着。

提出情感要求的内在审判者："现在体谅一下吧！"

你肯定知道圣马丁的故事。在一个寒冷的日子里，他骑马而来，看到一个冻僵的乞丐蜷缩在城墙边。"不能让他冻成那样"，马丁一边这样想着，一挥剑将他温暖的斗篷砍为两半：他留下一半，把另一半给了乞丐。一代又一代听过这个故事的孩子都在想：难道大衣这么大，连它的一半都能轻松满足他们两个人的需求？还是说马丁虽然心软但并不富裕，以至于两人现下都要挨冻？

马丁的大衣是最符合对情感提出较高要求的内在审判者的"时尚配饰"。然而,当事人比马丁更理智:他们会把整件大衣给乞丐。这样一来,只有一个人要继续挨冻,那就是他们自己。

这种思维模式也会对当事人提出过高的要求,但它要求的不是成就、分数、金钱、升迁,而是不受限制的同情心和把别人的需求置于自身需求之上的社会性行为。以这种方式提出情感要求的人,会认为自己要对别人的幸福负责,一定要对别人好,要单纯,不允许自己表达批评。如果他们做不到这些,强烈的内疚感就会威胁他们。

当事人往往具有很强的同理心,因此在社会职业中的就业比例很高。他们往往会选择社工、幼师、护士、老年看护师、医生或治疗师等职业。

是什么让人受刺激并形成对情感要求较高的内在审判者

逆向关照

还记得安雅吗?那位有个患抑郁症母亲的心理医生。抑郁症、残疾、酗酒或因其他理由导致依赖性强而需要照顾的父母,往往会使子女心中产生在情感上苛刻的内在审判者。在这样的家庭中,那种额外的负担往往会落在孩子稚嫩的肩膀上。就连小安雅也觉得自己有责任让母亲快乐。像安雅一样的孩子们，过早地将自己的需求置于其他家庭成员的需求之后。

在经历过父母长期感情不和、分居及离婚的孩子身上，也可以看到类似的情况。父母的分离对孩子来说总是痛苦的。他们的小世界崩塌了。一些根本性的、令人不安的问题出现了：如果爸爸不爱妈妈了，爸爸最终会不会也不再爱我？爸爸到底做了什么坏事？其中有我的责任吗？能负责任地处理离婚问题的父母会努力消除所有这些恐惧，并迅速为孩子提供一个新的、稳定的环境。但不幸的是，努力并不意味着总能成功。如果父母自己受到的伤害太大，自己的痛苦太深，也就不能合理应对孩子的痛苦。如果在这个过程中，父母中的任何一方把孩子视为自己烦恼和感情的垃圾桶，或者当着孩子的面肆无忌惮地说对方的坏话，那么孩子很快就会发现自己扮演了顾问、安慰者或调解者的角色。这些都是一个孩子无法承担的角色，因为这些角色都超出了他们在这个年龄的能力范围。孩子被过分要求了，对此孩子会感到困惑和无助。如果不能"成功"让父母高兴，他们就会感到内疚和自责。这种为他人幸福负责的信念，以及事情不顺利时的内疚感，会在他们成年后如影随形。

父母不愉快的分开、父母需要照顾或与父母难以产生情感上的互动，都会让照顾与被照顾的关系产生颠倒。在专业术语中，这一过程被称为"亲职化"。也就是说，特别是在社会和情感领域中，孩子过早地承担了照顾他人的成年人的角色。

有样学样

现在你已经知道了：除了正面的行为方式，家长展现出的有害行为方式也会被孩子吸取。向榜样学习对情感要求较高的内在审判者起到了至关重要的作用。受影响的人往往会有一个所有家庭成员都顾及某一个人的原生家庭。在安雅的案例中，那个人是患抑郁症的母亲，还可能是残疾的兄弟姐妹，或是暴躁易怒的父亲，甚至是你应该假装喜欢的一位家人——不管你的真实感受如何，你不能显露出来，总要很友好地微笑。服务行业的专业人士都知道这有多累。对一个孩子来说，要想扮演好这个高兴、开朗、亲切的角色，需要付出多大的努力！如果一个人童年时只被允许释放积极的感受，如好感、关注、快乐等，那他很可能在以后的关系中难以表现出自己对某些东西的不喜欢。他在关注自己的需求或表达批评意见的过程中，很可能会产生强烈的内疚感。

本从事着他梦想中的工作：护士。因为他的心情总是很好，对每个人都露出笑容，所以很受欢迎。当他设法让病人开心起来时，他内心充满了自豪和喜悦。比如，给肺栓塞的女病患带来一点笑容，或者让 8 号病房的那个不讨人喜欢的家伙自嘲。

不过，他意识到自己有时会达到极限，感觉自己在打一场无望之战。"我也不是一直都很好"，他小声地承认。他绝对不敢大

声说出来或让别人知道的，其实他今天完全没有兴致。

为什么不呢？本记得自己的母亲就是这样的，但他的父亲不同，父亲对于表现自己的怒气或不满从来没有任何迟疑。只有父亲不在家时，家里才算真正轻松。否则，生活有时就像踩在地雷区一样：你必须小心翼翼地不去刺激父亲，不吵不闹，不顶撞他，不问错的问题。母子俩一起想方设法让他开心，不让他突然露出紧张、专横的语气。没有人明确告诉本要这样做，但他在幼年时就从母亲身上潜移默化地习得了这种行为模式。

有不少人都有脾气暴躁的父亲与沉默懦弱的母亲。为了避免与父亲发生冲突，孩子会遵循母亲的行为模式。不幸的是，这样一来他们也会让自己的需求和感受完全服从于他人的需求和感受。在极端情况下，如果孩子们不能扮演顺从的角色，他们不仅会体验到不愉快，而且会有危险。例如，酗酒者的儿女不止一次讲述，他们的父亲，特别是在他喝醉时，可能会反复无常、易怒，甚至变得暴力。当母亲未能远离父亲时，为了不刺激他，她通常会做出顺从的反应。孩子们习得了这种行为，并在成年后依然保持这一行为。即使作为成年人，当他们批评伴侣或表达自己的需求时，就算客观上没有理由再担心危险的降临，他们内心也会感到一种莫名的威胁。

那么你呢

你是否在某些描述中认出了自己？在你的家庭中是否有一个大家都要顾虑的人，如果你的行为不"体贴"，更确切地说是不顺从，那个人就会显露出病态的、威胁性的甚至暴力的反应？

如果你怀疑自己可能处于对情绪提出要求的教育模式中，下面的说法可能会给你提供一些明确的信号。

- "我爱你们所有人！"——我努力地讨好别人。我尽我所能避免冲突、争论和否决。
- "一直微笑！"——如果我对别人生气，我就是一个坏人。
- "这是我喜欢做的事！"——我强迫自己比大多数人更有责任感。

⊙ 苛刻的内在审判者 2（练习 10）

想象一下，如果你拒绝一个要求，比如拒绝为幼儿园的聚会烤蛋糕、拒绝帮忙搬家或承担家长委员会的工作，这感觉如何？你善于坚持自己想做的事和不想做的事吗？还是会立刻被罪恶感侵袭？后者说明身上存在一个苛刻的内在审判者。

对成就要求较高的内在审判者和对情感要求较高的内在审判

者的共同点是，它们都会给人带来很大的压力，都劝诱自己去讨好别人，这些共同点不利于它们满足自身的需求。如果人被一个对成就有较高要求的内在审判者指挥，就会想要追逐越来越高的目标，想要攀登越来越高的山峰，因为害怕自己不这样做就不值得被爱了。受情感要求较高的内在审判者之苦的人，总会试图照顾别人，克制自己的欲望，乃至为他人牺牲，因为不这样做，可怕的内疚感就会威胁他们。所以，如果你经常给自己施加压力，或者一旦不能满足别人、不能马上帮助别人、偶尔放纵自己一次，就会产生罪恶感，那么你的内心很可能活跃着一个对情感有较高要求的内在审判者。

那么别人呢

你会在他人身上认识到一个活跃的内在审判者，当你想再三叮嘱他："你不必总是取悦所有人""你有时也要说不"以及"你也想想自己"时，你可能有这样的感觉，这个人让别人理所当然地占便宜，他甚至正乐于让别人占便宜而不能照顾自己。你多么想说："这是你真正想要的吗？你大可不必这样做！"即使对方想听从你的叮嘱，但因为他内心有对情感要求较高的内在审判者，所以他也不会接受你的建议并改变自己的行为。

惩罚性的内在审判者

"我是不是又要生气了？！"

内在审判者对人总是有害的，而惩罚性的内在审判者尤其具有破坏性。按它发出的信息行事的人，会贬低整体的自我价值，甚至恨自己，它会让人觉得自己丑陋、差劲、愚笨或毫无价值。最终，这种思维模式可以被归结为一句话："自己是不值得人爱的！"此外，还可能产生对自己的羞愧和厌恶。有些受这类审判者影响的人之后在做一些过去会受罚的事情时，会倾向于伤害自己。他们觉得自己可恨、恶心。有权利拥有自己的需求或任何一种自我意志的感觉，对这些人来说往往是完全陌生的。

在大多数情况下，这种破坏性自我认知源于受虐待的经历。这不一定是指性虐待，还包括许多其他形式的虐待。一个在青春期因为胸部丰满而被男生取笑的女孩，可能一生都会对自己的乳房甚至整个身体有可怕的羞耻感。一个男孩如果因为小事屡屡受到粗暴的惩罚，那么即使以后只是犯了小错，他也会立刻觉得自己应该受到惩罚。甚至当一个孩子早早就被灌输了他是做不好任何事的"坏"孩子的感觉时，日后他很难再产生不同的认知，也很难再相信自己是值得被爱的。

是什么让人受刺激并形成惩罚性的内在审判者

如果你仔细观察，其实任何形式的"利用"儿童都是对儿童的侵害。儿童只应被我们照顾，而他们不应该被赋予任何功能。是我们一直陪伴在他们身边，而不是他们为了我们而存在。但是，几乎没有哪位父亲或母亲不会时常做出工具化孩子的行为。一个人如果为了能够更容易地取消一个不愉快的约定而把孩子们推到前面，工具化孩子的行为就"无伤大雅"地开始了。当孩子们被期望在家庭的社会形象上发挥自己的作用时，当父母夸耀自己孩子的行为、能力或在学校的成功时，或者当父母向孩子们传达出他们在某种程度上要为让父母满意负责时，这种行为就在渐渐变得危险。所有这些行为都是侵害，然而它们从根本上就不同于那些属于惩罚性的内在审判者的意见以及犯罪行为。当事人有时不得不经历上述某一种形式的侵害，有时则是会同时经历下列几种侵害。

性侵害

当我们谈论侵害时，几乎总会谈到性侵害。性侵害不仅有害，而且是一种刑事犯罪。根据德国《刑法典》第 176 条的规定："对未满 14 周岁的人（儿童）进行性行为或让儿童对其进行性行为的"以及"让儿童对第三方进行性行为或让第三方对其进行性行为的"都属于性侵害行为。对于情节特别严重的案件,规定处以一年以上有期徒刑。在儿童面前进行性行为的人也将面临 3 个月到 5 年的监禁。

身体虐待

这种形式的虐待现在也是一种犯罪行为,但此项罪名确立的时间不长,尤其并未被各地所承认。根据德国《刑法典》的第 225 条,任何人若"折磨或粗暴对待未满 18 岁者",都应受到惩处。在这些案件中,法律规定了 6 个月到 10 年的监禁。

尽管如此,在这个国家里,打孩子仍然理所当然地成为许多人教育手段的一部分。或许有人认为一个耳光伤不了人?不对!任何殴打孩子或以其他方式给孩子造成痛苦的人,都不仅要被起诉,而且要对孩子深深的心理创伤负责。施暴者通常是父母或其他照顾者。有时他们因为某种刺激,很快就会陷入怒火之中,会做出冲动的行为。但有时,他们的行为其实具有虐待狂的性质:这些施暴者以折磨儿童为乐。这种形式的虐待通常会给孩子的心灵留下极其严重的伤害,并导致强烈的惩罚性教育模式。同学之间发生的暴力事件也绝非无伤大雅。如果孩子们被同学拦路攻击,如果他们遭受来自同龄人的身体虐待,结果可能是出现可怕的心理问题。

保罗的童年充满了暴力。他的母亲很霸道,脾气相当火爆。

每次保罗顶嘴，母亲都会发火打他，她对他的两个兄弟也是如此。保罗的父亲是一个善良而拘谨的男人，他觉得自己和妻子是不平等的，并把孩子们单独留给了一向暴戾的母亲。保罗和他的兄弟们所上的天主教学校管理很严格，应承担的责任和应满足的要求都很多。保罗的两个兄弟在青春期开始大量饮酒，也会服用不同的药物。他们忽视了学习。虽然他们都很有天赋，但都不相信自己的智力。在经历了一段相当长时间的药品依赖后，保罗的弟弟在十九岁时自杀了。此后他的母亲开始要求与家人有更密切的联系。当保罗反抗时，她又对已经二十三岁的儿子进行了身体虐待。

如今，保罗已经三十九岁了，不再与母亲和哥哥有任何联系。他补考了高中毕业考试，然后上了大学，住在另一个城市。尽管有了这样的转变，他还是觉得自己很笨，很难相信自己的能力。他与自己身体的关系让他觉得可耻。他会极力避免出席要在别人面前脱衣服的场合，在社交上也很保守。虽然他性格友善且有趣，到处都很受欢迎，但他很少交朋友。其实他渴望一个自己真正可以信任的人。

情感虐待

大家都知道，大人不要在孩子面前爆发冲突，解决自己的感情问题时要回避孩子。但夫妻之间在发生争吵时，很难完全避开孩子。如果孩子们真的偶然看到了父母的眼泪或听到了争论中粗鲁、生硬的话语，他们通常会相对地保持安静。如果孩子被父母滥用为情感垃圾桶，或者因为父母的感情问题而受到指责，那就另当别论了。有的孩子居然坚信自己要为父母的分开，或是妈妈今天又不舒服、头疼，抑或是爸爸又在为钱发愁而负责。当父母向孩子宣泄他们与伴侣的性问题时，当他们告诉孩子自己的绝望和恐惧，甚至是自杀倾向时，他们是在向孩子施加孩子不能也不应该承受的压力。

忽视

如果没有别人的照顾，一个婴儿是无法活下来的。这种彻底的依赖性会随着时间的推移而消失。进入青春期后，孩子需要关注和引导，需要一个稳定的家庭，需要教育和培养的机会。有些孩子较早独立，有些则较晚独立。过早地需要自己照顾自己、生活在不稳定的环境中的孩子，很少有好的发展。父母或其中一方在某一时刻毫无征兆和理由地消失然后再出现，会对孩子造成持久性伤害。然后，孩子们会花费大量的精力去担心新状态是否是永久性的，以至于几乎没有剩余的精力去学习、玩耍和开心——这些东西都是儿童成功和快乐发展所必需的。

此外，如果孩子得不到足够的食物、衣服、温暖和亲近，他们会得出毁灭性的结论：我不值得被好好照顾，我不够好，以至于连最基本的需求都无法被满足。这种想法很可能会影响他们以后的行为模式。

父母分开时，马克和双胞胎兄弟只有五岁。在这之前，父亲已经大部分时间都不在他们身边，对他们也漠不关心。而他们的母亲——一个不出名且自视甚高的艺术家，也几乎没有时间陪他们。当父亲为了另一个女人而离婚后，父母二人开始相互诋毁，这让双胞胎吃尽苦头。父亲当着孩子们的面称前妻傲慢、斤斤计较、毫无吸引力，母亲则声称前夫新娶的妻子只是为了钱才嫁给他。后来孩子们和母亲一起生活，父亲每隔几个星期会过来和孩子们过周末。这对夫妻都没有发自内心地照顾孩子，两人都认为孩子们"很麻烦"。

很快，这对双胞胎自己也相信他们是不被接受的。在学校，他们总是找麻烦，欺负其他孩子。他们对父亲那位原本充满关心和理解的新婚妻子极尽粗鲁和刻薄，以至于她不想在父亲带孩子的时候出现。结果父亲也因此很快对与两兄弟相处失去了所有的兴趣。他只在圣诞节时才过来送礼物。对马克来说，这一点尤其糟糕。与兄弟不同，马克的兄弟的艺术天赋被公认为来自母亲的家族，而马克被看作是一个典型的像父亲的孩子，一个商人家庭的后代，他的脑子里只有数字——而数字对于他爱好艺术的母亲来说毫无意义。马克从小就被父亲漠视，而母亲一有机会就会把他推给阿姨，因为她不知道该如何与他相处。

马克的童年不仅受到了情感上的虐待，也受到了忽视的影响。因此，他有一个完全扭曲的、介于自卑与自负之间的自我形象。马克无法客观地评估自己或表现自己。在物质上，只有最好的对他来说才是足够好的；在情感上，他满足于哪怕是最微小的关注。直到今天，他还在博取父亲的好感，而他的父亲仍然对儿子们毫无兴趣。马克在其他方面也极度需要肯定：他无法忍受自己不是焦点的情况。同时，在很大程度上，他没有同情心，无法和其他人产生共情，这导致他的人际关系总是陷于破裂。

如今，马克已经五十一岁了。在事业上，他其实非常成功。他在一家美国的 IT 公司工作，赚了不少钱。然而，他最大的愿望是拥有一个和谐、有爱、有孩子的家庭，他的孩子们能拥有比他曾经的家庭更美好的生活环境，但这个愿望没有实现。虽然他结了两次婚，在两次婚姻中他都当了父亲，但他的婚姻总是有灾难式的结局，而他的孩子们也不得不经历那些他最想避免的事情。孩子们不幸地成了马克婚姻纠纷的参与者。在那之后，他完全切断了与孩子们的联系。马克问自己，为什么他无法避免重蹈父亲的覆辙，尽管这是他最大的愿望。

其他严厉的惩罚

还记得安德里亚吗？那个从小和修女一起长大的女孩，在那里她会因为很小的错误而受到严厉的惩罚。她是一个典型的童

年时的严厉惩罚引起活跃的惩罚性内在审判者的例子。这不仅
与惩罚的程度有关，而且还与惩罚的不相称性及总体上的合理
性有关。如果在儿童时期，一个人如果会因性冲动、渴望身体
的亲近、温暖和美味的食物等自然的、正常的需求受到惩罚，那
么成年后他也会带着极大的罪恶感来满足这些需求。在自我怀疑
中，满足需求，甚至只是满足需求的渴望都会让他拒绝并惩罚自
己。这种人往往痛恨自己，因为这些需求从根本上来说是人的需
求，不可能完全被压抑，所以负面的情绪会一直出现，最终成为
痛恨。一直不能满足最基本的需求会让人非常不快乐，并且没有
安全感。

欺凌

欺凌是一种充满令人难以置信的痛苦和伤害的经历，其事发
地点一般是校园，施暴者通常是同学。受害者往往报告，他们已
经被欺负了很长时间。多年来，他们每天早上都要回到"虎穴"
中。最糟糕的是课间休息时间和放学后。在休息时间，受害者最
好待在管理人员附近；放学后，要不尽快消失，要不就躲在厕所
里等大家都离开。

要发现欺凌行为是非常困难的。施暴者清楚地知道什么时候
该克制，如何躲过老师的巡查将卑鄙的行为偷偷施加在受害者身
上。而受害者通常都会为自己的不受欢迎而感到羞愧，或者往往

有理由担心"告状"只会让事情变得更糟，剩下的是一种强烈的、束手无策的无奈感，他们甚至坚信必须屈服。比如像诺拉这样，在校期间经常被人欺负的人往往觉得自己不够有趣，不够"酷"，没有归属感。

因为与众不同而被同学和老师欺负的男孩布莱恩也是如此。老师与同学的组合特别糟糕，因为这会让受害者觉得连本来会保护自己的人也同意那些施暴者的负面言论。

虽然布莱恩很有吸引力，但他对自己的身体和外表感到羞愧。他每天锻炼几个小时并执行严格的饮食计划。他尽量避免吃碳水化合物，只吃低脂无糖的食品，并且每天都摄入大量的蛋白质。他不喝茶和咖啡，因为据说它们会让人的牙齿变色。如果他不能去健身房，就会觉得浑身发软。

布莱恩回溯记忆后意识到，那种认为自己的身体可耻的感觉，可以追溯到青少年早期：十三岁时，他开始每天早上六点起床，在父母的客厅里播放健身 DVD，并跟着运动。他的抗争也是从这时开始的。面对同学和许多老师的反对，他艰难地主张自己观点：女性体育老师以男生只有"有限的平衡技能"这一荒唐说法而阻止他去跳爵士舞，化学老师当着他的面问他妈妈"布莱恩是不是很奇怪"……布莱恩并不为自己的与众不同感到羞耻，不过他对自己的身体产生了一种羞耻感。十六岁时，他出现了饮食失调，这一度导致他过于消瘦。他至今仍难以面对当时的照

片，不仅是因为看见那些照片会让他对自己当时的样子产生羞愧感，也是因为他从那些照片中感受到了那段时间深刻的痛苦。

那么你呢

你是否经常觉得自己很糟糕？你是否有时会有强烈的自己是愚蠢的、丑陋的、坏的，或者只是单纯不值得被爱的感觉？你是否对自己感到羞愧甚至厌恶？当你做美好的事、想享受时，你是否会觉得愧疚，或者为此而惩罚自己？这些事是否在你的儿童时期会被禁止并让你受到严厉的惩罚？你认为自己没有权利满足自己的需求吗？你有没有经常觉得自己不能指望别人接受你，因为你是如此可怕、无聊或者是一个情绪杀手？你很难接受赞美吗？当别人说喜欢你或说你很重要时，你是否觉得难以置信？所有这些都可能表明一个惩罚性的内在审判者正在管理你的生活。为了确认这一点，请你看看自己是否同意以下陈述。

- 因为我很坏，所以我不应该像别人那样做让自己愉快的事情；
- 我应该受到惩罚；
- 我有种冲动，想通过伤害自己的方式（如割伤）来惩罚自己；
- 我无法原谅自己。

惩罚性的内在审判者可能如此有压倒性和破坏性，这一次我不想建议你通过尝试某个想象练习来感知它，那样你可能只会更加痛苦。你最好配合专业的治疗指导来观察自己惩罚性的内在审判者。

那么别人呢

想象一下安德里亚是你的朋友。你如何认识到一个惩罚性的内在审判者正在她身上活跃？你可能会注意到安德里亚极度无欲无求。你在外面享受春日里的第一缕暖阳，而你的朋友却感觉很不好，想尽快回到屋里；或者你做了一桌特别美味的饭菜，安德里亚却根本提不起兴趣。似乎生活中的所有领域对她来说都是禁忌，比如性和爱情，这些都只会引发安德里亚的羞耻感。

此外，你可能会听到安德里亚一次次发表贬低自己的言论，比如："我做不到""我不够聪明"，以及不断地怀疑你是否真的想要她的陪伴："我应该不必过来了，如果你更喜欢这样""但我不想打扰你""你确定我对你来说不是太多余？我们上周末已经见过面。别麻烦你了"。

时间长了，这会让人相当紧张。过一段时间你会明白，她这样做不是因为需要恭维，而是因为她其实根本不把自己当回事。你可能只是正常、善意地给出反应，对朋友进行赞美，想不断让她知道你对她的看法很不一样，觉得她其实很聪明、很可爱。唯一的问题是，无论你如何努力，这些积极的信息都不会被她接

收。对安德里亚说再多充满爱和好感的话，也无法穿透她自我贬低的墙。而在极端情况下，像安德里亚这样的人甚至可能会疏远那些对自己充满善意的朋友。因为她觉得那些朋友对她感兴趣是这些朋友判断力差的表现！

第四节

糟糕地处理来自童年的绊脚石

"我们是不是都有点布鲁纳？"多年来，一家柠檬水公司[①]一直做着这样的广告，而我们是不是真的都有点疯了？每个人都会时常被自己的情绪、感受或者不能完全理解的奇怪行为"绊倒"，但现在你也许更熟悉它们的起源，因为你在读这本书时能够追溯它们。童年带给我们的绊脚石各不相同，可能是童年和青少年时期的记忆、深刻的情感经历，可能是父母没有倾听我们的话或没有给予我们应有的关心，父母随口说过的一句话，还可能是我们的感情被同学或老师粗暴伤害的时刻。有些人只是偶尔被绊倒一次，且几乎没有伤到自己；而有些人却经常骨折，这已经成为他们明显的标志，他们即使站立起来也站不稳。

不管是轻是重，是否频繁，都有相应的策略来处理情绪上的困难经历，这在心理学上被称为"应对"。采用哪种应对方式取决于个人，也取决于使情况变成情绪问题的童年经历。另外，我

[①]　此款柠檬汽水原德文名为 *Bluna*，此处音译为"布鲁纳"。——译者注

们在面对负面情绪时会产生何种压力及反应有多强烈，通常直接关系内在小孩或内在审判者在我们身上引发的压力类型和压力强度。

三种应对方式

我们将在童年时期养成且很少单独出现的应对消极情绪的方式通常分为三种类型：顺从，即以他人的需求为导向；回避，即试图逃避感情和问题；过度补偿，即一种假装与父母有害的内在信息所暗示的恰恰相反的模式。

以下是对这三种应对方式的生动描述，很可能你也会时不时地采用其中的某种应对方式。这部分内容将帮助你发现它们，并且，如果它们阻挡你前行，这部分内容也能让你以后与之告别并发展自身个性的其他重要部分。

顺从

处于顺从状态的人会以他们认为别人会喜欢的方式采取行动。当他们讨好别人时，他们会在一定程度上感到稳定和安全。可以说，为他人而存在的感觉让他们有了存在的理由。在明显以顺从来应对消极情绪的人身上，来自童年的有害思维模式的负面感受和信息会起到格外强烈的作用。这类人通常有较低的自尊感，对自己信心不足，难以察觉自己的需求。

回避

对这种应对方式的一个贴切的比喻是慢跑裤，最好是松松垮垮、没有特定颜色和形状的。它们是舒适、温暖的，穿起来很舒服，但不能穿着它离开家。慢跑裤，就像某部电视剧里所说的，属于一个已经放弃了的人。这人说，我宁可不工作、不恋爱，今天下午我宁愿坐在电视机前看我喜欢的肥皂剧。人当然会度过不美好的时光，但娱乐节目不应妨碍我们实现目标。然而，那些试图避免童年养成的负面感情出现的人恰恰如此：他们选择退缩，逃避所有可能会让他们产生不想要的感觉的情况，或者借助某种东西让自己对这些情况的感受不那么强烈。当那些手段都不奏效时，他们便开始依赖酒精和药物。酒精或许可以抑制负面情绪，给他们带来一段短暂的、没有那么多恐惧和焦虑的时光。

但这样做的代价是身体迅速衰败。宿醉的麻痹只会让问题越来越严重。所以，当我们想要靠做点什么来应对内在小孩或内在审判者的负面情绪时，我们总是首先想到逃避。借酒精麻痹自己，还会进一步引发社会性退缩，不上班，不找工作，以及将注意力从负面情绪上转移开的行为，如过度看电视或玩计算机游戏等，这些都是逃避的表现。

回避作为一种应对策略，往往会持续进行，因为回避行为最初带来的感觉比那些贬低和负面情绪要好得多。然而，从长远来看，回避既妨碍我们实现梦想，也阻碍我们满足对自主性、连结性和能力的需求。此外，大多数人都能很清楚地感觉到，自己正陷于回避之中。而我们周围的世界也会反射出回避，比如："你还没有完成你的学业吗？！"

过度补偿

倾向于过度补偿这种应对方式的人，表现得就像那些在寒冷的夜晚，不仅衣着暴露，而且还特意穿小几码的衣服的女孩一样。这当然是勇敢的，但也是极不舒服且不得体的。尽管如此，这套衣服还是如同胜利的战袍，显得他们既不屈服于天气，也不委屈于身材。过度补偿的应对方式也有类似的作用：我们偏要这样，好像内在审判者希望我们相信的事情的反面才真实、正确。如果过去的声音告诉我们"你太笨了，什么都不会做"，我们就会表现出逆反的状态，好像没有人能够在智力上和我们相提并论一样。如果这声音说："你太没有吸引力了，没有人愿意要你，也没有人爱你。"那就装成猎艳高手或挑剔女王。这感觉肯定比认为自己愚蠢和丑陋要好。内心不向有害声音低头的胜利紧身衣隐藏在这种行为中——即使我们需要很大的力量才能说服自己，自己是可圈可点的，是聪明的。但问题依然存在，它让我们没有安全感，也很脆弱。过度补偿很多时候会像纸牌屋一样倒塌，这会让整个人感觉特别糟糕。

综上，过度补偿是指，我们过度填补空缺。当我们真正感到自卑时，反而会表现出强烈的优越感甚至是傲慢。过度补偿有很多面孔，但它总是与我们在感到不安全和渺小时，却去进行控制和支配的情况有关。反抗使用这种应对方式的人往往不是那么容易的。想一想那个来自富贵家庭，矮小的、胖胖的男人霍尔格，他就是这样的情况：他觉得自己比家人，特别是比女性差。他在内心深处觉得自己完全没有吸引力。为了弥补这种感觉，他贬低女性的价值，物化女性，并且对女性的态度很恶劣，以居高临下的姿态对待她们。

这是有用的还是有害的

为了避免产生误解，这里要说明，此处介绍的每一种应对方式都有自己的道理。每一种应对方式都可以帮助我们处理好自己的感情，并渡过难关。例如，被牵扯进每一个冲突中，特别是对我们自我实现的机会和利益没有帮助的冲突，是不值得的。有时最健康、最理性的策略就是说"好的"并且做到心中有数——哪怕严格来说，这意味着要逃避些什么。

有些情况下，人必须要挺住，不能表现出自己的恐惧和不安全感。坐在办公室里哭无济于事，一场因为结巴而失败的讲座也毫无意义。过度补偿和假装自信都有因案例不同而不同的合

理性。

一般来说，当我们遇到疑问时，运用一些策略来帮助我们应对负面情绪是很好的应对方式。所以，如果你有时有逃避和过度补偿的倾向，也不用担心。当你自己可以感觉到你的行为已经越过了界线时，你的应对方式很可能也已经引发问题，这通常是在它妨碍你满足自己的需求时发生的。忽略那个在你挖鼻孔时总是投来烦躁和鄙夷目光的同事，或者避开咖啡厅里陌生人的纠缠不休而坐到另一边去，这些完全没有问题。只是你不应该完全回避接触那些和你有过冲突的人。例如，如果你为了逃避不得不进行的困难沟通，而不再给一个实际上关系非常好的朋友打电话，这就是一个问题。回避式应对可能会让你当下感受到消极的情绪减少，但从长远来看，它损害了友谊和一个充实的生活所需要的关系。

同样，如果我们因害怕失败或被拒绝而再也不敢做任何事情，比如不和对我们来说美好且值得追求的异性搭讪，放弃我们一直想得到的工作面试，那么当我们决定去看电影而不是去进行面试时，肩上的担子自然就卸下了，可我们依然处于孤独且不快乐的泥潭，也无法探索和开发自己的潜力。

童年时期的应对方式会对以后造成伤害

有些人往往采取一种很特殊的应对方式，而有些人则会采用几种应对方式。例如，弗里多有一个要求很高的内在审判者，他最初是服从于它的：当他在大学里的表现不尽如人意时，他就会坐下来投入地学习。只有当这种形式失效时，回避模式才会启动。而比起疯狂学习，弗里多更想玩电子游戏。可以想象，在某些压力较大的时刻，过度补偿的情况必然会出现，以至于别人只是展现出一点关心，弗里多也会对他们发火。所以到底哪种应对方式正在发挥作用，取决于具体情况及当事人。

一个人形成一种特殊应对方式的原因是多方面的，这种应对方式往往源于童年。事实证明，这些模式是孩子在困难时的最佳"生存"方式，让孩子可以保护自己免受威胁或拒绝。比如，孩子确实有必要躲避暴躁父亲的怒火和殴打。只是在以后的生活中，这种顺从、完全的退缩和压制自己需求的状态会变得问题重重。这些模式对当事人来说，弊大于利。

也有可能，孩子从同样强烈地以他人为导向的关系亲密者那里学会了顺从的应对方式，即有样学样。比如，因为母亲讨好父亲的一切，无法划出健康的关系界限，所以孩子以后很可能也会在划定自己的关系界限上遇到困难。

顺从："只要你没事……"

你知道吗？你一次次做自己不喜欢的事情，其实并没有人强迫你这样做。你可以说"不，谢谢"或"我对此不感兴趣"，但不知为何，你就是做不到。现在你和你的女朋友走在死气沉沉的植物园里，或者你在本应工作的时间去帮你的女邻居搬家。不仅仅是些鸡毛蒜皮的小事：即使是在性关系中，有些人也会做一些让自己都觉得反感的事情，只因为他们想满足自己的伴侣。或者更糟的是，他们根本不考虑自己。他们把重要的职业和个人愿望排在伴侣之后，努力使对方能够自我实现。对你来说，这些是否听起来很熟悉？

他们为什么要这样做？这些顺从的行为来自哪里？别担心，这样做不一定都有害。几乎每个人都会有把自己的需求排在别人后面的时候，这也是件好事。我们在这个世界上并不是孤身一人，因而必须顾及他人，只是有时过度顾及他人，更重要的是，这个度超过了对自己有益的限度。

使用顺从应对方式的人允许别人对自己不好，并做了自己不想做也不必做的事情。他们屈服于他人的要求和欲望，并把这些要求和欲望凌驾于自身的需求之上。在很多情况下，我们有权拒绝，也有权说不。我们做了太多自己本来没有必要去做的事，我们想让别人快乐并因此忽视了自己，或者为了满足你以为的别人的愿望，而把自己累得筋疲力尽，甚至让自己感到倦怠。

长此以往，这种应对方式往往达不到预期的效果。对方没有表达自己的需求而你却以为对方有这一需求，并因此折腾自己，这对你的心理健康毫无帮助，并且有爱的朋友或伴侣通常不会欣赏这种行为。反之，那些利用这一点的人则不会对你有任何感激之情。

还记得那个好心的心理学家安雅吗？在私人关系中，她尤其有很强的取悦他人的倾向。例如，当她和伴侣想共度良宵时，她总是等待他的愿望，或者考虑他可能喜欢的东西。她的伴侣有时会因此非常恼火。他很想知道安雅喜欢什么样的音乐和电影。当她总是想讨好他时，他反而觉得她触不可及。

有时，顺从与回避是同时出现的。然而，在其他情况下，顺从也可能成为过度补偿，即使这听起来可能是矛盾的。这通常是指那些经常说自己有多为别人着想的人，或者是那些通过牺牲自己来博取关注的人。这对任何人来说往往都很累：对当事人，他们会因此过得不是特别好；对周围的人，在某些时候，这种悲叹会让大家厌烦，但通常没有人敢直说。

糟糕的混合：顺从和过度补偿

凯斯汀是一名全职护士，有两个孩子。她有偏头痛，并时常

发作。对家庭和自己作为母亲的角色，她都奉行完美主义的，希望尽可能地做好每一件事。她给她的孩子们做课间休息时吃的零食，即使他们并不想要。她还会在工作了一整天之后，将所有的窗户都擦洗干净。当朋友邀请她，并让她为共享自助餐带些吃的时，凯斯汀保证会带去四个满满的托盘。同时，她还经常抱怨说自己是多么劳累，为所有事花费了多少精力。当她的孩子或丈夫烦躁地指出，没有人要求她做这些事时，她似乎根本没有注意到，并继续发牢骚且辛苦地干活。她的丈夫有时会翻白眼，在内心称她为"永远的牺牲者"。

那么你呢

你是否觉得自己经常做一些自己不想做的事情？顺从别人的意愿？为了讨别人喜欢而改变自己？忽视自己的需求？下面的确认清单应该能帮助你确认上述问题，让你豁然开朗。

- "我不介意。"——我为了避免冲突、争论或拒绝，不遗余力地讨好别人。
- "我就是你想要的样子。"——我根据和我在一起的人改变自我，以此让别人喜欢或认可我。
- "别人可以对我这么做。"——我允许别人批评和贬低我。
- "我无所谓，你来决定吧。"——我不表达自己的需求，而是让别人表达他们的愿望。

"人生不是一场由听众点播的音乐会！"我的奶奶总是这么说，她是一代人的典型代表。那一代人过去没有太多可开心的事，也不知道人们怎么笑，为什么笑。从某种程度上来说，她是对的：有些事情并不有趣，却不可避免。那些事或许从周一的早晨开始，一直到开车穿过湿漉漉、灰蒙蒙，常常还是黑乎乎的街道，面对老板时所承受的压力，以及食堂里糟糕的饭菜，并在下班后剧烈的体能训练中最终结束。

如果可以选择，我们当然希望放弃其中的某一件事。但遗憾的是，我们并不能选择。无奈之下，我们只能咬牙坚持下去。我们这样做了，因为我们是成年人，多少有些责任感。这也包括经常战胜自己，承担义务。然而，当我们有选择的余地却仍然做着不愉快的事情时，当我们总是自愿给自己增加太多额外的责任及负担时，就很可能是顺从的应对方式出现了。所以，如果你在合作关系中、俱乐部或幼儿园里一而再、再而三地接过任务，并且任务其实是属于几个人的事，但你总是不知为何担了下来，或者如果你进行了自己根本不喜欢的性行为，那么这很可能是顺从在发挥作用。

但要小心，如果你觉得自己总是在为别人牺牲，请记住，其实每个人都倾向于高估自己的贡献和投入。我们很快会觉得自己比其他人做出了更大的贡献。

为了确认这一点，请你想象一下，如果你改变行为方式并勇敢说不，你会有什么感受？你会感到害怕或内疚吗？这些感觉肯定是顺从的标志。也许你很难判断自己是否有权利拒绝。如果你不确定，请考虑你是否会建议让你的朋友去承担这个负担。如果你在想："老天，他到底为什么不能说不！"那么你应该问问自己，为什么他可以拒绝，而你却不行？这其中一定是有什么问题。

也许以下情况会帮助你确认什么时候使用了顺从的应对方式。有时候，人有必要在承受极限的边缘游走，甚至持续如此，以至于这让人感觉长久以来无法获得安宁。

"我再也受不了了！"艾尔克在兼职工作结束后快速采购，然后接三个孩子放学时，常常会这样想。"妈妈，我饿了"，小家伙们在车上会哭闹，然后争吵着把健达奇趣蛋撒在后座上。她打开车门时想到：天啊，真是一团糟！但现在到了做晚饭的时候了，之后还要辅导孩子们做作业。她说："卢卡斯，把芭比娃娃给妹妹。"又想着别忘了去干洗店取衣服。艾尔克感觉自己在连轴转。但是，仿佛日常生活还不够紧张似的，孩子们在学校里总是受到某种感染，他做作业时需要辅导，要搭车去运动，等等。她的男朋友几乎不能支持她。他经常工作到很晚，而且周末也是如此。一切仿佛都失控了。虽然她每周会找家政人员来打扫、整理两次，但还是有很多事情做不完。有时她觉得自己如同西西弗

斯 [1] 一般。

你觉得呢?这是一个关于顺从的案例吗?想一想,艾尔克可以做哪些不同的事情,如果她不承担某些任务会发生什么?此外,问问自己,艾尔克是否或许已经尝试改变自己的处境。可惜事实是职场妈妈要做的事情很多。艾尔克不做任何不必要的事情:她没有计划一次额外的班级旅行,也不是家长代表,也没有为儿子的网球俱乐部做志愿者。如果她不做那些已经在做的事,就会对孩子有所疏忽。她不能不去采购,不能不为孩子们做饭,不能不辅导孩子们做作业。另外,艾尔克已经寻求了帮助,就是每周来打扫两次卫生的家政。虽然有时你可以调整环境,改善一些小事情,但总的来说,工作和三个孩子是一份沉重的负担,而且在德国的社会中这种负担主要由女性在承担。不幸的是,艾尔克那长长的、永无止境的待办事项清单在德国是很正常的。如果想求证这一点,她只需问问其他有多个孩子的职业女性。因此我们从这个案例中得出的判断是,几乎没有迹象表明艾尔克在使用顺从的应对方式。

卡特娅也是一位有兼职工作的母亲,也相应地有很多事情要

---

[1] 西西弗斯为古希腊神话中的人物。他受到惩罚,必须将巨石推上山顶。石头每次邻近山顶时,都会滚回山下,他不得不重新开始。人们常借此形容永无尽头的徒劳工作。——译者注

做。但她比其他母亲做得更多。她不知道自己是怎么完成这些任务的，但额外的任务不知为何总是落到她身上。这其中有她喜欢做的一些事情，如在复活节画彩蛋，或者在音乐之夜给孩子们化妆。但其他的一些事情她就不喜欢了，比如孩子在幼儿园和小学的时候，她是家长委员会的成员；现在孩子到了高中，她被说服继续留在委员会中。她问自己，我为什么要这样对自己，为什么别人不能做一次？又要听一年无聊而烦人的废话，又要给老师买花，或者在老师和"直升机父母"①之间协调……

而且好像她的事情不够多似的，现在还要帮需要被照顾的母亲做家务、买东西。可怜的母亲得了帕金森症，一切对她来说都越来越困难。问题是住在母亲附近的姐姐为什么不能来帮忙照顾、护理呢？她有更多的时间，没有孩子，做着一份轻松的工作。卡特娅真应该找个时间和姐姐谈谈。但不知为何，这种对话从未发生。

你觉得呢？卡特娅倾向于顺从吗？她能做其他事，或者不做这些事并且不引发什么坏结果吗？她有其他选择吗？和艾尔克一样，卡特娅之所以忙碌，很大程度上是因为她是一位职场妈妈。但与艾尔克不同，卡特娅承担了一些她不必承担的任务。只要她

---

① 望子成龙、望女成凤心切的父母。他们像直升机一样盘旋在子女周围，时刻关注子女的一举一动。——编者注

还有兴趣，那完全没什么可担心的，比如与儿童一起完成创意手工，因为这带给她快乐。但她参加了家长委员会，情况就不一样了。如果她没有使用顺从的应对方式，她可以像其他人一样理直气壮地逃避。支持她的母亲也是一份额外的任务，这份任务虽然必须有人来承担，但是不需要卡特娅独自完成。她的姐姐没理由不来帮忙，但卡特娅并没有设法获得这种帮助，而她的姐姐似乎也没有主动来承担这些。

所以，卡特娅的行为很可能在一定程度上是出于对负面情绪的恐惧，而且她也很少成功地说不。她应该拒绝没有必要做、也不想做的事情。

纳丁有时会想，为什么她总是选择那些和父亲一样的男人——有打人倾向的酒鬼。而她为什么和母亲一样，没有力量去分手。

她现在的男朋友马尔科，自然又是个瘾君子，还曾因伤害罪入狱。虽然她并不愿意，但还是对他的要求言听计从。"给我一杯啤酒！"——纳丁已经准备好了罐子。"我的袜子呢！"——纳丁翻遍了他扔的垃圾，直到找到一双袜子。"又没什么可吃的了……"——纳丁"变魔法似地"拿出小吃。在性生活中，她也什么都跟着做，尽管她对他简直厌恶至极，但她害怕马尔科又会打她，或者离开她。

纳丁是个棘手的案例。她一定会接下她不想也不需要做的任

务。没有人需要奴颜婢膝地伺候另一个成年人。她有权利说不。问题是纳丁是否也有选择。她的伴侣关系很危险，她在拒绝马尔科这样的男性之前都会三思。那么，纳丁是否有另一种选择？如果她真的想改变自己的处境，她首先要做的是找一个安全的地方，例如妇女庇护所。

纳丁的行为符合顺从的应对方式吗？非常有可能。她似乎一直在选择马尔科这样的男性作为伴侣，并且在一段关系中如此投入，以至于最终让自己陷入危险，这已经说明了问题。

那么别人呢

如果你的伴侣没有表达出自己的任何意愿和需求，但从你的眼神中读出了你的每一个愿望，那对方很可能是顺从的性格。这乍一听还不错，谁不喜欢被宠爱呢？但在某些时候，这可能会变得很烦人。当对方没有需求和欲望时，爱情就没有乐趣了。你也会想取悦一下对方，回应对方的需求。

在其他夫妻身上，我们很快就会注意到顺从的行为。然后我们就会想："我不明白，她为什么要忍受这一切。如果我丈夫这样对我，我早就离开了。"或者说："他不能帮她分担些什么吗？毕竟，他让妻子完全一个人照顾老人和孩子。"如果人们多了解一下当事人的故事，通常就更能理解他们为什么会如此顺从，以及做出违背自己利益的行为了。

然而，顺从的人往往会吸引享受这点的人。比如，纳丁一次次地落到那些喜欢被别人伺候的男人手中。这些关系若持续过长时间，给双方带来的坏处往往远超对他们的好处，因为两种及以上的有害行为交织在一起，会以最可怕的方式相互补充。

回避："或许还是不要……"

回避本身并不是一件坏事，关键在于回避的是什么。一般来说，回避对成就的要求、矛盾、人际关系等困难的事情都是不好的。但人并不一定要面对所有的困难。比如，成瘾者避免与吸毒者接触，跟踪者避免与受害者接触，这些都是好事。一个被黑暗压抑心理的人去寻求光明，这也是好的。这就好像，对坚果过敏的人就不要吃坚果。只有当逃避阻碍我们实现职业和个人的目标，或者让我们感到被孤立和寂寞时，它才会成为问题。

这种应对方式也可以用来管理来自内在审判者的信息。这样我们就可以避免不足感（对成就要求较高的内在审判者）、内疚感（对情感要求较高的内在审判者）和自我厌恶（惩罚性内在审判者）。

回避与对成就要求较高的内在审判者

对弗里多来说，在很长一段时间里一切都很容易。在学校

里，他不怎么投入精力学习或做作业，就能获得最好的成绩。对他和他的父母来说，这似乎是理所当然的事情：弗里多是个"学霸"，就像他那个担任近现代史教授的父亲一样。父母对他很好，但都很注重成绩。弗里多在中学时没有感到过压力，但当他以很好的成绩升入大学后，情况就变了。突然间，他成了许多"学霸"中的一员。他的第一次考试虽然通过了，但成绩并不理想。他不敢告诉父母，因为其他学生得到了更好的成绩。弗里多坐下来，为接下来的考试疯狂学习。但考试结果还是没有达到父母一贯的要求。此后，他越来越少待在大学里，并喜欢把时间花在玩游戏上。

回避与对情感要求较高的内在审判者

玛蒂尔达有一个对情感要求很高的内在审判者。他告诉她，她必须始终保持开朗、友善、乐于助人的态度。他的要求过分到，她会因没有主动向超市外的流浪汉提出搬到她那里去住而觉得愧疚。为此，她总是给他们捐款，之后仍然感觉很糟糕，因为她觉得自己这样做可能向他们传达了优越感。有一次，当她身上没有任何现金时，她都不敢从那些人眼前经过，于是就去了另一家更远的超市来回避那些人。

回避与惩罚性的内在审判者

还记得前文提到的罗伯特吗？他有一个非常强大的惩罚性的内在审判者。这个审判者声称罗伯特完全没有吸引力，没人能受得了他。他从小就因为慌里慌张和冲动的行为而被人欺负，后来因为压力大导致皮肤发红又被人取笑。而且罗伯特的父母总是将他和他漂亮的妹妹进行比较。因此，罗伯特在与其他人相处时，总会感到羞愧，并在社交方面很退缩，或根本不与人来往。最重要的是，他回避那些让自己的低"市场价值"变得明显的情况，比如聚会、酒吧等。

回避的形式各有不同，以下是几种最常见的回避形式。

绕道走

"我还是不来了。"——简单地回避那些让你感觉不舒服的东西、情况和话题。例如，如果你比较怕生人，认为别人不会喜欢或接受你，你通常就会拒绝聚会或其他社交聚会的邀请。如果你害怕失败、被拒绝或成绩不佳，你可能会错过考试或面试，甚至根本不前往那些浪漫的约会场合，只因为自己可能会被拒绝。你害怕冲突，是因为你认为自己只有一直表示同意他人的观点，并为和谐而努力，才会被人接受吗？如果是这样，你很可能会掩饰所有自认为困难的话题。

转移注意力

"再来一集吧。"——比起去做那些真正等待处理，而且如果不做只会变得更加迫切和麻烦的事情，许多人会选择将他们的注意力转移到其他东西上，比如看电视、玩计算机游戏、上网、过度工作或花半周时间待在健身房里。

自我刺激

"我要一醉方休！"——有些人通过对自己做一些"好事"来对抗悲伤、被抛弃、孤独、无助、空虚或焦虑等负面情绪，如吃甜食、大肆购物、过度调情或热爱极限运动等。在适度的情况下，这些事情都是完全无害且正常的。并且当事情过度时，大多数人都会注意到并说，"我现在喝得有点多"或者"我又要停止因沮丧而吃东西了"。通常情况下，当事人也知道这样做的理由："今天太糟糕了，我必须让自己享受一下""我又在和内心的空虚对抗了"。

麻痹

"那有什么大不了的？"——许多人时常用酒精淹没自己的痛苦。当事情没有按照我们的意愿发展时，啤酒和葡萄酒的消费量就会上升。这是完全正常的。毕竟那些只在事情顺利时才喝酒的人属于少数。但无论是用酒精还是药物，那些一直麻痹负面思想和感受的人不仅会一直被自己的负面情绪左右，而且会产生成瘾行为。

抱怨和咒骂

"然后他又带着那个老故事来了……"——你认识总是发牢骚的人吗？他们几乎可以抱怨任何事情。这是一种习惯性的、单调的长吁短叹和骂骂咧咧，看不出其中有类似愤怒或真正的不满等更起伏的情绪。他们似乎并不痛苦，也不是很难过；既没什么创意，也并不幽默。对他们来说，抱怨只是短暂摆脱负面情绪的方式之一。

对自己不抱任何期望

"我就让它来找我吧。"——如果你没有目标，也就不会失望。活在当下，不要一直抱有过高的期望，不要追逐愚蠢的梦想，这当然是好事。我们无法影响或只能微弱地影响一些事情。有时我们不得不接受自己内在和外在的限制，并意识到还有其他可以觉得幸福的方式。但是，如果一个人没有任何目标，他就感受不到生活和幸福在一定程度上是掌握在自己手中的。

有时独自一人，有时结伴而行

上述回避的形式有时单独出现，有时会互相结合。以上文中皮肤发红的腼腆男人罗伯特为例，在他身上，三种回避形式都很活跃："绕道走"——他刻意不去可能遭遇拒绝的地方；"分散注意力、自我刺激"——罗伯特逃进网络上的匿名关系中；"对自己没有任何期望"——罗伯特假装不想谈恋爱，因为他害怕失望。

另一个例子是教授的儿子弗里多。他第一次进入大学，不能满足父母以成绩为导向的期望。在最初加倍努力地补习仍未取得理想成绩后，他便远离课堂和考试。他逃避了可能会失败并面对失败感觉的情形（绕道走）。在家里，他用网络和游戏来刺激自己（转移注意力）。

保罗也是如此。他有个脾气暴躁，一言不合就动手的母亲。时至今日，他对自己的身体仍感到羞愧，会避免出席需要脱掉衣服的地点与场合。还有被老师和同学折磨的布莱恩。他逃离故乡，从青少年时代起，就通过过度运动分散自己对于羞耻感和孤独感等负面情绪的注意力。莱奥妮也有类似的情况。

莱奥妮非常怕人。她的父亲是个酒鬼，经常打她和她的母亲。即使一天中没有发生很多事，莱奥妮也能感受到别人的威胁。仅仅是公交车司机表现得不友好或流浪汉大喊大叫，就足够把莱奥妮吓坏了，想回家躲起来。她感觉自己不够好。她在一家玩具商店当售货员。有些顾客的要求很高，莱奥妮很快就会感受到压力，觉得不堪重负。

莱奥妮几年前发现，酒精可以大大降低她的恐惧。她总会带着一人份的小瓶香槟酒，甚至还会带一大瓶酒。喝下小半瓶，她就能很好地挺过上午。这样，她的恐惧便几乎不会出现，她可以轻松地工作。但她清楚自己可能已经有酒精成瘾问题了——就像她的父亲一样。

那么你呢

几乎没有人从不回避任何事情。为爱情苦恼时，谁都会多喝一杯酒或吃一块巧克力；工作压力大时，很多人都会请假。问题不在于你是否时常逃避，而在于到了什么程度。下列清单可以帮助你认清情况。

- "孤独成了我的命运。"——我觉得自己脱节了，和自我、和他人都没有联系。
- "别管我了。"——我不想和别人扯上关系。
- "我必须工作，然后我要去健身房。"——我的工作很忙，还要做大量运动，让自己不用去想那些不愉快的事情。
- "把烦恼放进一杯酒里。"——我喜欢做一些刺激或使人平静的事情（暴食、性、外出、看电视、购物等），以逃避我的某些感觉。

回避出现在我们知道自己当前应该做别的事情时。弗里多可能知道，比起玩游戏，他更应该学习；罗伯特可能知道，如果他不敞开内心，就不可能找到与他分享生活的人；你可能知道，比起又花一整晚窝在沙发里看五集连续剧，你今天本可以好好做次运动。每个人都会偶尔逃避令人不愉快的事。只有当过度纵欲或享乐阻碍我们实现自己的目标，让我们在重要的领域中无法达成本可以达成的成就时，回避才会成为问题。

承认回避行为可能会让人不舒服。没有人喜欢承认自己害怕失败、拒绝或高要求。向自己或别人承认自己酗酒，也很令人不舒服。这就是我们宁可找一些充满创意的借口，也不愿意说实话的原因。几乎没有人会这么说："我那时不能来参加聚会是因为我怕没人跟我说话。最终我整个晚上都在社交媒体上度过""对不起，我不能来面试，因为反正您也不会雇佣我"。大多数人都会保护自己，不被一周的事务压垮或在某个时刻让自己感到不适。

如果你想知道自己是否倾向于回避不愉快但重要的事情，那么问问自己：我什么时候喝酒？为什么我的工作这么多？为什么我一周要去六次健身房？为什么我看这么久电视？你喝酒有没有可能是为了麻痹负面情绪和恐惧，就像莱奥妮一样？你一直在健身，是不是因为想从问题上转移自己的注意力？你花这么多时间在计算机前是否因为你内心深处害怕孤独？

那么别人呢

回避无处不在：想一想，仅在上周，你就在哪里观察到了不同形式的回避行为。我相信你能想到很多。因为我们经常会回避和伴侣的讨人厌的朋友一起吃饭，回避没有经过训练就去参加的比赛，回避参与没有做准备的会议，回避忽略了一个问题导致的悬而未决的办公室讨论。

你认识经常回避的人吗？是否有一个朋友会只因参加约会的人都是陌生人，或者唯一的熟人总是在一切都已经结束之后才出现而取消所有约会？你是否有一个写了 6 年硕士论文的室友，或者有一个为了克服害羞而总是在聚会上喝醉的朋友？

想象一下你是罗伯特或弗里多的朋友。你会意识到他们都把回避作为一种应对方式吗？如果答案是肯定的，你是如何意识到的？也许你会注意到罗伯特有很多的匿名关系，却回避了情感的联系，用肤浅的废话来证明关系的无聊。对于弗里多，你可能有一天会惊奇地发现他很少去大学，成绩如此之差，尽管在你看来，他实际上很聪明。之后，你可能也会注意到他过度的媒介消费。

除此之外，回避也可能引起朋友和熟人长期的愤怒反应，也许你也会面对这些熟人而退缩。这种不利的应对方式最终会强化当事人身上本应被避免的负面情绪。

过度补偿："除了我，所有人都是傻瓜！"

我们中的大多数人并不像他们表现的那样酷，不像他们吹嘘的那么聪明，也没有潮人造型、西装上衣和妆容让他们看起来那么有吸引力。我们一直都在装模作样，让自己看起来像某类人，却并不是这类人。

那些没有选择，几乎已经忘记了自己不化妆是什么的样子的人，往往会倾向于过度补偿。过度补偿是指一个人表现得与受伤的孩子和内在审判者对他们说的悄悄话正相反，好像这才是真实的。当这个人缺乏安全感时，他们会表现得很强势；当他们感到无助时，会表现出极强的支配性；当他们感到威胁时，会表现出攻击性。

斯文是一个典型的"因恐惧而咬人者"：他用一种极富攻击性的态度来补偿一直以来的受威胁感和无助感。只要有人有不同的意见，他就会立刻大声质问对方；如果他觉得有人没通知他就做了决定，他就会大吼大叫，试图恐吓对方。在私人关系中，他有时甚至会使用暴力。同时斯文其实是极其脆弱和极易感到恐惧的。他对感情、认可与和谐有很大的需求。由于他面对每一个不愉快的情况都采用过度补偿的方式，所以这些需求可能永远得不到满足。

过度补偿有多种不同的发生形式。

自恋式骄傲自大

自恋行为的特殊之处在于，受影响者不仅对自己和环境有扭曲的看法，而且自己几乎看不到这种扭曲。大多数时候，他们不知道自己高估了自我，而认为这种高估是实事求是的评价。他们不是表现得像完美先生，而是就是完美先生。然而在其他时刻，这种自我认知可能会破碎，并引发真正的抑郁症。自恋会导致一个人对合理的批评不屑一顾，不认真对待其他建议，也不会有任何怀疑。面对周围环境，这种行为会显得傲慢自大、趾高气扬。

马克其实是一个很没有安全感的人。他的父母从来没有对他表示过赞赏，也没有给过他归属感和安全感。如今，马克很少让别人发言。他非常渴望温暖和亲近，却不能让任何人靠近，甚至不能注意到他人的存在。他的叙述都只与他自己有关，包括他的成功、他的智慧、他的见解。他几乎不让对方说一句话，即使对方说了，他也不听。

其他人很快就厌倦了这样的对话并退出与他的交流。马克的过度补偿并没有起到给人留下深刻印象的预期效果，并且适得其反。这不仅没有让他免于孤独和被拒绝，反而强化了它们。

妄想狂的控制

你认识那些怀疑一切的人吗？他们总想着别人对他们有恶

意，认为别人在背后耍阴谋对付他们？这可能本来就是彻头彻尾的妄想，尤其是对极其善妒的人来说。与这些人的交往是令人无比疲惫的。他们非常难以信任别人。比如，你因为发烧卧床，不得不取消见面，而你的朋友只是说："好吧……谁知道你是不是真的病了。"——这可能会是彻头彻尾的侮辱。要不断地安抚对方，努力取得对方的信任，这是非常吃力的。莫妮卡的朋友莎拉就是这样，她在童年时一次次被抛弃，所以她所有的私人交往如今都受到了妄想的控制。这样一来，莎拉不幸地得到了与她本意相反的结果：朋友纷纷不再与她来往。

强迫性控制

因内心非常缺乏安全感而夸大自己的人，往往坚持把所有的事情都详细地解释给别人听，还要检查自己做的事情是否"正确"。这可能完全只体现在小事上，比如洋葱应该怎么切，或者只应该买最便宜的咖啡。这些在他人看来顽固而执拗。

卡特琳是文学研究专业的学生。她是追求极度完美主义的人，只以学术上的成功来定义自己。她经常要花相当长的时间来提交作业，因为她想把所有的事情都做到完美，这让她承受了极大的压力。小组工作对她来说是一种折磨，那会让她变成一个控制狂：她必须清楚地知道别人在做什么，反复检查一切，并且修改东西，直到一切绝对符合她的想法。当她的同学说，行距现在真的没那么重要时，她就会发脾气，用鄙视的目光望向他们。最后，她不得不独自完成大部分工作，同时也失去了大部分同学的喜爱。

博人眼球的行为

生活中不乏哗众取宠之人，也有一些人"戏精"上身。有的人因为渴望出名而成就了自己的事业，有的人则需要在家里的舞台上表达自我。两者都可以有很高的娱乐价值，但都是一时的。那些每天都有出风头的欲望、过度表现自我的人，最终都会感到过度疲劳。

攻击性

前面提到的斯文就采取了攻击性的行为来对抗他经常感受到的威胁和无助。他的信条是，进攻是最好的防守。他想用先下手为强使自己免于挨打，但其实并没有人打算攻击他。遗憾的是，由于自身经历，斯文已经无法客观地认清这一点。

很多人像斯文一样，在童年经历很多暴力和威胁后，自己后来往往也会出现具有攻击性的行为。其典型表现是有计划、有针对性地使用身体或语言暴力恐吓他人。他们试图通过这种方式获得对局势的掌控。

占别人便宜和欺骗别人

有的人喜欢占别人便宜和欺骗别人。他们大多在一个不安全的环境中长大，占别人便宜和欺骗别人似乎是生存的必要条件。这些行为通常会延续至成年后，即使环境变得更加安全，只要不安全感依然存在，他们还是会以占别人便宜和欺骗别人的方式来应对。

那么你呢

要辨认出自己是否倾向于把过度补偿作为一种应对方式并不容易。与其他形式不同的是，那些进行过度补偿的人并不会觉得自己很糟糕。他们相信自己能控制局面，或者觉得自己比别人更聪明、更酷，所以这个策略似乎很有效。至少第一眼看去有效。

很多受过度补偿影响的人表示，当自己处于过度补偿的状态时，他们总体上并不喜欢自己。他们感觉自己很陌生，觉得自己相当可笑、内心膨胀。那真的是我吗？我真的想这样吗？过度补偿是一种伪装，因此非常耗费精力。人们此时通常不会感到轻松、平静，而是会感到紧张，并时刻小心翼翼。

别人的陈述对判断自己是否有过度补偿的倾向很有帮助。你是否经常被不同的人告知，你只考虑自己或者非常固执？那么值得思考的是，为什么会如此……

如果你怀疑，自己是否像大多数人一样，时常倾向于过度补偿，那么通过下面的说法了解这种应对方式的各个方面，或许能帮助你。

- "嘿，看着我！"——我做事是为了成为众人的焦点。
- "不是这样的。"——当别人不做我对他们所期望的事情时，我的反应是很烦躁。
- "我是最漂亮的、最好的、最棒的。"——对我来说，成为第一名很重要。
- "你最好小心点，不然你会有麻烦的。"——我设法通过向他人展示不能开我的玩笑来赢得尊重。

检查你是否会使用过度补偿这一应对方式的另一种方法是进行压力测试。像所有应对方式一样，当有压力和负担时，过度补偿的情况会加剧。因此想象一下典型的压力情况，比如考试日或孩子生病时你必须去上班。然后再想一想，你平时有哪些反应模式、哪些情绪在其中起了作用。

你也可以直接询问身边的人。也许你已经收到了这方面的反馈。朋友问你为什么总要这么咄咄逼人，或者相邻工位的人说："年轻人，别着急。我在这边都能听到你的声音。"也许你的女儿抱怨，你总是包办她的一切，不让她自己完成任何事情。如果你被指责为自私、霸道、专横或吵闹，就可能是过度补偿在发挥作用。你还可以回忆一下你被指责时的情况，然后把自己置于那种

情形之中，去倾听内心的声音。你是否有受伤的感觉？你内心的
"外墙"是否出现了裂缝？

那么别人呢

虽然识别自己的过度补偿行为很困难，但识别他人的这种行
为却很容易，尤其是自恋式的过度补偿。从外表看来，受此影响
的人往往显得虚假、夸张、可笑、令人尴尬，因为外人很清楚，
有人在这里虚张声势。俗话说得好："夸夸其谈，徒有其表。"

通常人们不会抢着和这些人来往。这首先是因为，人们很难
严肃地对待他们，不断地吹嘘和控制令人厌烦；其次是因为，他
们给别人的空间太小了，别人在他们面前很难插上话，并且他们
所说的事别人可能并不感兴趣；最后，他们完全不知道该如何处
理矛盾。

第五节

成人自我

　　你上一次去参加婚礼是什么时候？你有没有注意到不少婚宴上的客人明显都穿着十分不舒适的衣服？这不奇怪。很多人的穿着根本就不适合自己。可惜，特别是在婚礼上，人们本可以肆意发挥想象力，穿上自己一直想穿的那件好衣裳。但很少有人这样做，其原因明了又简单：我们常常不知道自己穿什么好看，什么适合我们。有害的思维模式是罪魁祸首。我们被自己的各种行为策略和恐惧所支配，以至于我们已经失去了对自身性格的洞察。我们建立了完全扭曲的自我形象，所以才会一直选择错误的鞋子、衣服和饰品。

　　然而，当成人自我控制我们的时候，我们所处的状态通常可以让我们在一定程度上通观自己的灵魂生活，并形成一个基本不会扭曲的自我形象。成人自我就像一件美妙的、量身定做的礼服，如同长在身上一般适合我们，适合当前的生活处境。

　　有了活跃的成人自我，我们就会感觉轻松自在，对当下的情况有大致的了解。我们觉得自己知道正在发生什么，可以或多或少地评估可能发生的情况。即使有突发事件我们也不会偏离方向。之所以能做到这一点，是因为我们的行为和感受并没有被有害的情绪和行为所控制，我们可以保持冷静的头脑，自己控制事情的进展，并不断注入动力。

如果我们有一个强大而正常的自我，就能对现实有很好的把握，能处理不愉快的经历——只要它们不是太可怕、太残酷。与有害的、阻碍性的思想和行为方式的影响不同，在成人自我状态下，我们可以察觉情况、冲突或关系的本质。我们是对当前的情况作出反应，而不是对早已过去很久而直到现在才被重新激活的情况作出反应。我们在情绪方面可以对当下作出反应，而不是受困于过去。其结果是，我们现在可以以成年人的身份应对令人不安的情况，而不再像孩子一样无助。再困难的情况，也会因此变得不那么令人恐惧，进而变得与正常情况大同小异。这样一来，大多数不愉快的经历和负面的体验就不会使我们陷入危机。这里并不是指给人带来创伤的经历，因为几乎没人能为此做好准备，此处指日常的误解、紧张的局面和遇到卑鄙的事。这些并不能立即将一个有强大成人自我的人打倒。每个人的日子都有好有坏，但一般来说，我们可以把日常生活中的垃圾扔掉，继续关注那些美好而令人愉快的部分。

成人自我确保我们不会被自己的情绪所淹没，有了它，我们就能成功地感知和评估他人的需要，并将其与自己的需要进行权衡。这既不是屈从于他人的需要（在情感上要求较高的教育模式），也不是坚持单方面维护自己的利益（被宠坏的孩子）。成人自我让我们可以找到一个和解的位置、一个解决方案，让双方都尽可能地好好生活。

另外，我们在这种状态下能够认识到现在需要做什么，需要完成什么，然后立刻执行，而不是拖延。这样可以避免不必要的压力和麻烦。

最后，具有强大成人自我的人，有着成年人的兴趣和快乐。你不知道该对此作何想象？成年人的兴趣和快乐旨在满足自己的需要，并且不去过分伤害他人的需要，也就是在自己和他人的需求之间形成合理平衡。也就是，既要玩得开心，又不会过度；可以纵情享受，却不会在经济或其他方面有过度负担。总之，要在健康的限度内享受自己的生活！

还要记住，没有人可以一直表现得很成熟和理智。几乎每个人都时常会，甚至大部分时间都会处于和萨莎一样的状态。

萨莎是一个在很多方面都很成功的成年女性。她建立了一个活动管理机构，并将它管理得很好。她和员工相处得很融洽，做很多事情时都很轻松、从容。她有很多策略来应对并掌控她的日常生活。只是在爱情方面，她并不幸福。她一次又一次地和那些利用她的男人在一起。最差劲的或许是最后那位：菲利普，一个热情的南美人。他是个优秀的摄影师，注重细节，一开始表现得非常敏感。但随后，他开始挑剔她的赘肉，还对她因笑容而出现的皱纹发表恶毒的评价，并对她本人特别是她的感受满不在乎。进行恶意的人格分析，施虐般地将她与其他女性进行比较……那么她有什么反应呢？她没有和他分手，而是开始加强锻炼，买更贵的化妆品，为他打扫卫生，并且觉得自己渺小而毫无吸引力。她做了一切能做的事情来挽留他。同时，她实际上知道自己和他在一起不会幸福。最后，是他用一条短信结束了这段关系，"先处理好你自己的事情。和这样的你相处对我来说太过分了"。——真是个糟糕的人！

萨莎在不同的人生道路和阶段都很可靠，但这并没有给她带来多少好处。大多数时候，她都与一个坚强的成人自我在一起。她基本能做到实事求是地评估自己的职业和个人生活。她在工作上很成功，在与朋友的交往中可能也很成功。只有在爱情方面，有害的情绪和行为才会突然成为主导。

在这种情况下，不妨加强自己身上的健康的成年人部分，并考虑哪些因素有助于自己激活这一部分，并尝试用成年人的思维和行为逐步取代有害的思维和行为模式。

有强大成人自我的人，一般都是令人愉快的人，人们很愿意聚集在这类人身边。于是，一个正向的循环就这样开始了：一个人越是显得沉稳周密，就越是受人欢迎，其本人也越有安全感；而越是有安全感，就越是有人接近他……于是，成人自我就会不断强化自身。不幸的是，正如我们所看到的那样，童年时期的许多有害行为也是如此。在别人看来，这些行为相当劳心，这往往也导致这类人的孤独感越来越强。

所以积极的成人自我是值得争取的。它能使问题变小，让负面情绪的影响力变弱，引导我们进入可以基本满足自我和环境需要的心态之中。那么，我们能发展出一个强大、健康的成人自我的前提是什么呢？

这种发展的核心，一方面是每个人都有的基本情感需求：对联系、自主和能力的需求，被允许自由表达自己的感情需求、对乐趣和游戏的需求，以及认识现实界限的需求。这些需求都应在我们的童年和青少年时期得到满足。如果孩子感觉自己的需求并不重要，甚至是不好的，那么他们就很难在内心培养出一个强大健康的成人自我。另一方面，那些在很大程度上被满足了这些需求的孩子们，都来自稳定而充满爱的家庭，他们的需求受到重视，家庭也会为他们设定明确的界限，犯傻和玩耍也是被允许和鼓励的。如此，他们在日后就很可能会形成完善的成人自我。尖锐地说，这很不公平：那些拥有快乐童年的人，成年后也会轻松一些；而那些小时候有不幸遭遇的人，以后也会在与自己相处的过程中、在人际交往中、在私人生活和工作中出现各种问题。

对于我们身上其他积极的部分——幸福小孩，也是如此。那些在童年时期玩过游戏、有过乐趣的人，成年后很可能更容易获得快乐。成人自我发展良好的人，往往也有一个强大的幸福内在小孩。相反，有个严重受伤内在小孩的人，通常既有一个不太活跃的幸福内在小孩，也有一个发展不健全的成人自我。换句话说，如果你拥有一个强大的成人自我，通常你就可以很轻松地调用自己身上的幸福内在小孩，而且在你的人际生活和与自我的关系方面，可能几乎没有突出的、可担心的问题。

比如，想想在语言学校工作的单亲妈妈汉娜。在一个强大的幸福内在小孩的帮助下，她足以应对自己实际上紧张而让人精疲力竭的日常生活。而且，汉娜也有一个强大的成人自我。

汉娜工作繁忙，还要操持家务并照顾两个孩子。她的工作给她带来快乐，但由于她是兼职，所以收入并不稳定。她的孩子生病不能去托儿所时，学校会给予理解，但也有限度。汉娜不能让自己生病。所以她一定要通过营养的饮食和定期运动来提高孩子们的免疫力。孩子们每周会被送去朋友家两次，而汉娜则会借机去做瑜伽。除此之外，她还学会了避免额外的压力。她做事能分辨轻重缓急。必要时，休息总是排在第一位的。

社会工作者英格除了有一个好动、快乐的内在小孩，帮她在紧张的职业生活中得到了必要的平衡之外，她也拥有一个强大、健康的成人自我。她有意识地安排自己的休息时间，以防工作让她疲惫不堪。她有规律地锻炼身体，和好朋友都是多年的业余游泳队成员，每周会训练两次。游泳之后，她们会一起去蒸桑拿。

两人都认为这是必须的。最后,她还和两个对她时常提出过分要求却几乎不给予回馈的朋友断绝了联系。

那么你呢

如何识别出自己身上健康的成人自我?也许可以这么说,当你整体感觉良好时你身上就有一个健康的成人自我。与此同时,我们快乐而不放纵,觉得一切都在合理的掌控之中。我们确信自己与自己的感情和需求相通。大多数情况下,我们都很放松。如果有了强大的成人自我,有害的回避、过度的服从、夸张的自信都无法对你造成伤害,几乎一切冲突都可以通过除此以外的方式来解决。我们有意识地做出理性的决定,客观看待自己和环境,并能在很大程度上客观地协调自己和他人的利益。

这里再总结一下成人自我最重要的特征。如果你大体上认同下面说法,你就可以认为自己是幸运的小孩。

- "顺利!"——我觉得,我的生活有足够的稳定感和安全感。
- "这是可行的。"——我可以实事求是地评估情况、冲突、关系等。
- "世界不会因此毁灭。"——我不会因为小问题就被负面情绪压倒。
- "你伤害了我。"——我能觉察自己当下的感受。

- "这是你的事，那才是我的事。"——我可以觉察自己和别人的需求，并能在其中找到平衡。
- "我会完成的，老板。"——我承担责任，完成职责和任务。
- "万物皆有其时，得其所。"——我知道什么时候该表达自己的情绪，什么时候不该表达。
- "对不起，但我不这么看。"——当我觉得自己遇到不公的批评时，我可以为自己辩护。
- "烛光晚餐、普拉提，还是插花？"——我追求成年人的享受和兴趣。

如果现在你觉得你的成人自我还可以被强化，那么你可以想一想，你通常可以如何激活你的这个部分，以及这让你感觉如何。问问自己以下的问题。

- 通常在什么活动中，成人自我会控制我？
- 是否和某些人在一起时，我觉得自己更容易让成人自我来掌舵？
- 我如何描述这种心情，这种属于成人自我的"基本感觉"？

如果你已经决定要加强成人自我，就请现实一点。没有人可以一直保持通情达理的、放松的状态。加强成人自我只是通过遏制你来自童年的有害行为，让你进入整体感觉良好的状态。

那么别人呢

当我们遇到由成人自我主导的人时，我们会发现，在我们面前，他们确实显得更成熟。这意味着，他们会对各种情况、评论和冲突做出适当的反应。他们的行动和感情似乎是可以预测的，也是节制的。他们对事物的判断基本上是客观的、不扭曲的，既不倾向于过度自我批评（惩罚性教育模式），也不倾向于极端脆弱（受伤的内在小孩）。人们可以与他们进行情感接触或批评他们，并且不必担心对方会无动于衷，表现得完全顺从，或者变得有攻击性。

虽然幼稚的行为会使人际关系变得紧张，甚至被摧毁，但幸福的内在小孩和成人自我却能确保良好的、有弹性的人际关系，以及协作和富有成效的合作关系。当他们在人们身上活跃时，人们也可能不通过破坏关系的威胁性方式解决冲突。

另外，成人自我意识强的人也更有韧性。他们往往能更好地应对命运的打击和生活的压力，也能获得更多的社会支持，这有助于他们缓解危急情况。他们通常人缘很好，也能轻松过上由自我决定的社交生活。这就导向了一个正向循环：活跃的成人自我、较高的受欢迎程度，以及自我决定的社交生活三者之间相互强化。

成熟行为模式与幼稚行为模式的区别

你可能已经注意到了，要区分不同的内在部分有时并不容易，而对成人自我来说尤其如此。其许多典型行为也具有有害行为模式的特征。比如，你如何判断一个人是成熟、自律地完成任务，还是响应苛刻的内在审判者的高要求，给自己增添过重的负担？雄心壮志到底是健康的还是不健康的？合理的自我批评与惩罚性的内在审判者的自我批评有何不同？谁来决定，我现在去体验时髦又昂贵的美食是因为享受很重要，还是因为我的不自律和任性？这些往往不易被区分，特别是不同的性格部分往往会相互影响。所以我可能会感到受伤和被拒绝（受伤的内心在小孩），即使我"脑中"知道对方喜欢我，不想拒绝我（成人自我）。

如果我们能够感知并满足自己和对方的需求，那么成人自我就很可能正在参与其中。为此，我们必须能够感知自己及对方的感受。总而言之，我们需要有良好的感受认知！相反地，如果对需求的感知与满足是片面的，即只考虑自己的需求，或者只考虑对方的需求，那么更确切地说，就是有害、幼稚的部分在我们身上活跃着。这时，我们只会觉察到某些情绪，或者对情绪根本毫无察觉。我总结了成人自我和我们身上有害的部分之间最重要的区别特征（如表 2-1 所示）。

表 2-1　成人自我和我们身上有害的部分的区别

	成人自我	我们身上有害的部分
履行职责、自律	完成任务且自律，但注意自身极限和需求	苛刻的内在审判者：苛求并对自律和履行责任要求过多
自我批评	可以实践自我批评并且不会厌恶自我	惩罚性的内在审判者：夸大自我批评，厌恶自己，通过诸多禁忌让自己无精打采
享受	知道享受和不能一直自律的重要性，可将其控制在社会接纳的范围内	被宠坏的内在小孩：不考虑别人或长期的消极后果，仅满足自己即时的需求
表达愤怒	用社会接纳的方式表达愤怒，比如把朋友带到一旁，尽可能对其客观地说明有什么问题	被宠坏的内在小孩：失控地爆发，在某些情况下会造成"昂贵的后果"
逃避感受	能够运用回避这一应对策略，但不会因为极端回避而影响重要的事务	回避作为应对方式：回避所有形式的情绪并到了影响健康的关系、经历和发展的程度
掌握与控制	不会被掌控吓退，可以保持灵活性，并且能考虑到他人的利益	过度补偿作为应对方式：固执于控制、管束他人，缺乏灵活性
自信	认清自己的强项，会对自己感到自豪，但也能看到弱点	自恋式过度补偿作为应对方式：觉得自己比别人伟大、重要
关照他人	照顾别人，但不会忽略自己的需求和界限	顺从作为应对方式：只关注照顾他人，无法感知自己的需求

"我在这世上完全是孤身一人……"
受伤的内在小孩

"除了我以外，别人都是傻瓜！"
过度补偿

"顺利！"
成人自我

"二乘三等于四……"
幸福的内在小孩

"先工作，然后享受！"
要求成就的内在审判者

"现在体谅一下！"
要求情感的内在审判者

"我必须现在生气吗？！"
惩罚性的内在审判者

"关键是，你过得好……"
顺从

"我要为此报复！"
冲动的孩子

"或许还是不要……"
回避

附录

我的个人内在地图

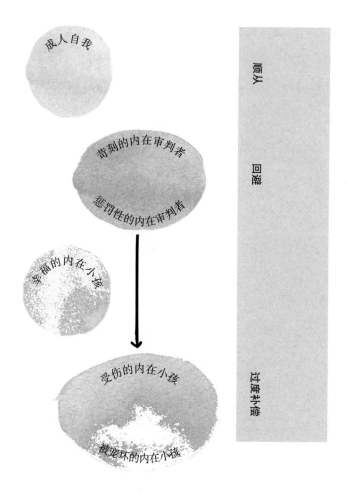

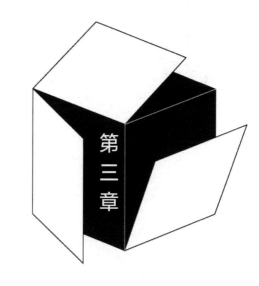

第三章

"耀眼的"人物和
极端的类型

第一节

如果一个人的行为变得极端化

　　你喜欢去看电影吗？还是你不只是在假期里沉迷于阅读小说？在电影和书籍中，我们会遇到很多"耀眼的"人物和极端的性格，靠在电影院的座椅或自家的沙发上，和这些极端类型的人一起度过一段时光，实在是令人兴奋并且有趣的。然而现实生活和电影与书籍有很大不同。如果我们在工作中遇到一个控制狂，或者在通勤路上遇到一个歇斯底里的乘客，我们只会觉得不愉快。

　　在本章中，我想通过电影或小说里的例子，来介绍几种极端性格。如果你正在寻找相关内容，那么心理学针对他们的诊断也许会引发你的兴趣，到底什么是"边缘人"或"歇斯底里的人"，以及这些类型的人有怎样的内在地图。或者说，你已经在和周围人相处时想到过这些概念，并且很愿意了解他们为何会如此；或者你会问问自己，你是不是属于其中一个类别？这些例子可以帮助你解答心中的疑问。

第二节

什么样的人会羞辱自己

埃里卡·科胡特是一位极有才华的钢琴家，30岁的她一直和控制欲极强的母亲一同生活。她的母亲从埃里卡小的时候就严格训练她，希望她成为一名钢琴家。埃里卡是埃尔弗里德·耶利内克的小说《钢琴教师》中的主要人物。

在家里，埃里卡在母亲的紧紧包围中几乎无法呼吸，丝毫没有成年人自主的生活，她的房间甚至不能上锁。母亲控制埃里卡的衣食住行。因此，埃里卡不仅内心依旧稚嫩，还会对别人非常残忍，像个孩子一样冲动行事。

此外，她的母亲将她养育成了一个基本不爱社交、对身体怀有敌意的人。任何正常对性或漂亮打扮的需求都意味着她是未开化的、败坏的。结果，埃里卡既为这些需求惩罚自己，又在违背"禁忌"的行为中找到了乐趣。她已经与自己的感情和身体失去了所有的联系。"她的身体就是一个大冰箱"，耶利内克写道。为了化解这种分裂，她多次伤害和羞辱自己，并要求性伴侣羞辱她。这些行为首先是为了感受自己的需求，耶利内克笔下埃里卡，表现出了一个典型边缘人的感受和行为方式（如图 3-1 所示）。

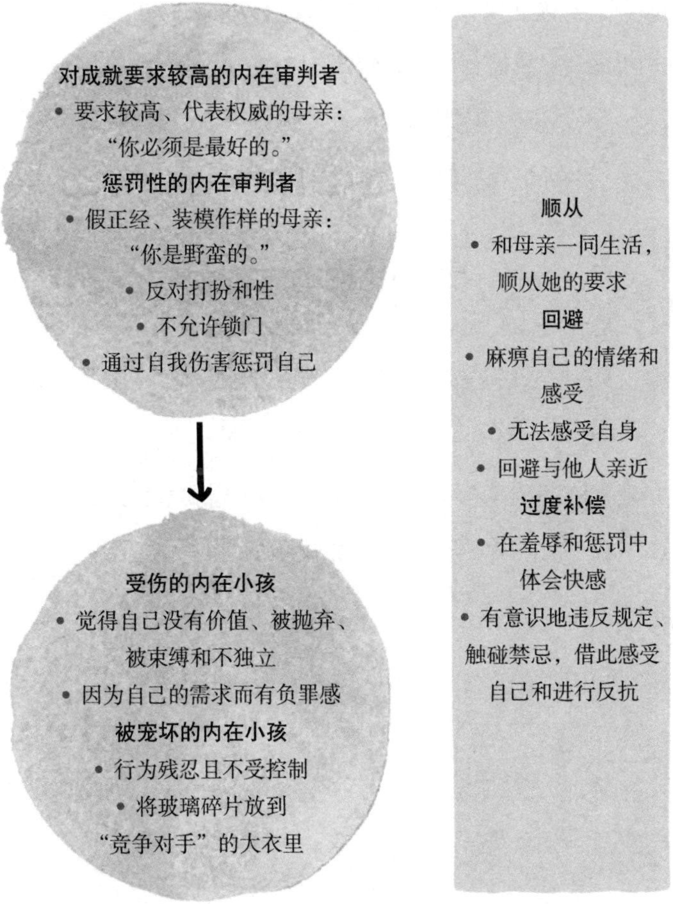

对成就要求较高的内在审判者
- 要求较高、代表权威的母亲："你必须是最好的。"

惩罚性的内在审判者
- 假正经、装模作样的母亲："你是野蛮的。"
- 反对打扮和性
- 不允许锁门
- 通过自我伤害惩罚自己

受伤的内在小孩
- 觉得自己没有价值、被抛弃、被束缚和不独立
- 因为自己的需求而有负罪感

被宠坏的内在小孩
- 行为残忍且不受控制
- 将玻璃碎片放到"竞争对手"的大衣里

顺从
- 和母亲一同生活，顺从她的要求

回避
- 麻痹自己的情绪和感受
- 无法感受自身
- 回避与他人亲近

过度补偿
- 在羞辱和惩罚中体会快感
- 有意识地违反规定、触碰禁忌，借此感受自己和进行反抗

图 3-1　埃里卡·科胡特（边缘人）的内在地图

边缘人的特点

边缘人被极度消极的情绪控制着，他们很难体会轻松与幸福的时刻。这个世界对他们来说，很少或只是起初"一切正常"。他们可能会对自己有如下描述或想法。

- "我觉得我很糟糕。"——大多数时候，我都受不了自己。我几乎不喜欢自己的任何东西。有时候，我对自己感到很厌恶。

- "我感觉不到自己了！"——我经常与自己的感觉和身体毫无联结。

- "没有它，我就无法忍受自己。"——我经常需要通过酒精或药物才能在一定程度上忍受自己和生活现状。

- "把鞭子给我，我自己来吧。"——当我享受某些东西（美食、性、温暖等）时，我觉得有必要惩罚自己。

第三节

如果只有成功和权力才重要

　　银幕上最著名的自恋者可能在奥逊·威尔斯的作品里。在他1941年的传奇电影《公民凯恩》中，威尔斯重构了查尔斯·福斯特·凯恩的一生，他最终孤独地死在自己的巨大庄园里。在电影故事中，他的故事是渐渐拼凑起来的。凯恩的父母通过一座金矿获得了巨大的财富，这笔财富主要被用于孩子的教育。凯恩是在监护人的陪伴下长大的，直到他去世，他都没有接受与父母分离的事实。父亲和母亲似乎是他一生中唯一的情感联系。凯恩对其他所有人都保持距离并且态度冷漠。除了自己，他不相信任何人。他把精力越来越多地投入成功、影响力和权力上。凯恩建立了一个名副其实的商业帝国，它由三十七家报社以及众多的出版社、地产公司组成。此外他还涉足政治。

　　凯恩的行为属于典型的自恋者。他完全脱离了与自我、自己的内心生活和与他人的联系，如同生活在一个平行宇宙中。这其中唯一重要的是追逐他自己狂妄自大的野心（如图3-2所示）。

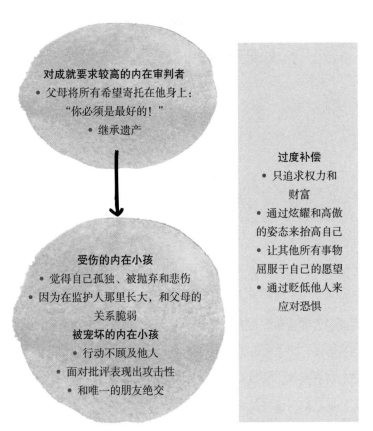

图 3-2　查尔斯·福士特·凯恩（自恋者）的内在地图

自恋者的特点

自恋者可能会对自己有如下描述或想法。

- "这只可笑的公鸡是谁？"——我有时倾向于装模作样，很不真实。

- "那到底是谁？"——我曾被朋友指出，我很少看得到别人、承认别人。

- "哦，你也要东西？"——有时，我可能在周围环境中过于霸道了；只有当我能完全控制局面的时候，我才觉得舒服。

- "除了我，你不能拥有其他任何神明。"——对于批评，我的反应是居高临下且有攻击性的。

第四节

歇斯底里者

在美国作家田纳西·威廉斯创作的话剧《欲望号街车》中，主角布兰奇·杜波依斯是一个生存状态极不稳定的女人。凡是读过或看过《欲望号街车》的人，都不会忘记这个角色。人们对她的感觉是复杂的：布兰奇令人难以置信地讨厌，但也让人十分同情。

周围的人无法理解布兰奇。她时而显得极其脆弱，时而又突然咄咄逼人；时而表现得过于彬彬有礼，却在下一刻不恰当地卖弄风情。布兰奇生活在一个幻想的世界里，不断地编造新的悲惨故事，然后怜悯自己。她变得越来越分不清现实和幻想。

剥去她的夸张外衣，你依旧会看到一个沉重的人生故事。布兰奇的丈夫自杀了。这次自杀似乎让布兰奇陷入了危机，并且她一直未能克服这一危机。于是，她就在脏乱的酒店里与各种男人见面，以寻求慰藉。后来还因为和未成年学生有不正当关系，丢掉了老师的工作。

布兰奇的行为属于典型的歇斯底里。这类人需要大量的认同和关注。他们无耻地与所有人调情，不断进行表演，大声喧哗，追求关注，戏剧化而多愁善感。他们的一些冲动往往并不真实。但这种令人不适、尴尬的行为，主要是为了消除无价值感和孤独感。田纳西·威廉斯通过布兰奇这个角色给所有歇斯底里者立下了纪念碑（如图 3-3 所示）。

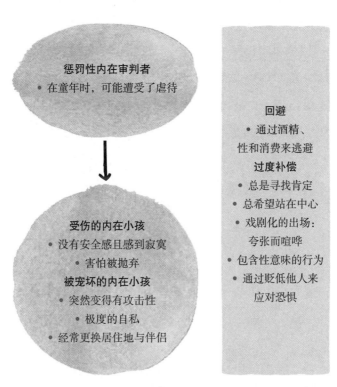

惩罚性内在审判者
• 在童年时，可能遭受了虐待

受伤的内在小孩
• 没有安全感且感到寂寞
• 害怕被抛弃
被宠坏的内在小孩
• 突然变得有攻击性
• 极度的自私
• 经常更换居住地与伴侣

回避
• 通过酒精、性和消费来逃避
过度补偿
• 总是寻找肯定
• 总希望站在中心
• 戏剧化的出场：夸张而喧哗
• 包含性意味的行为
• 通过贬低他人来应对恐惧

图 3-3　布兰奇·杜波依斯（歇斯底里者）的内在地图

歇斯底里者的特点

别说对别人承认，就算是对自己承认自身容易出现歇斯底里的行为，也并不容易。歇斯底里者可能会对自己有如下描述或想法。

- "没有人听到我说话吗？"——当我不是焦点的时候，我感觉很糟糕。
- "孟乔森①和我"——我为了得到更多的关注，对发生在我身上的事情添油加醋。
- "我再也不会饿肚子了！"——我倾向于更戏剧化地表现自己的真实感受。
- "我真笨。"——在内心深处，我认为自己是没有价值的，不如别人有才华。

---

① 孟乔森综合征是一种心理疾病。患者会产生幻想，并以可信、戏剧化的方式表现出身体疾病，甚至主动伤害自己或别人，以博得同情。——译者注

第五节

那些不重视自己的人

自身没有安全感的人是没有魅力的。尽管如此，他们在艺术中也有自己的位置。弗兰茨·卡夫卡笔下的许多人物都是缺乏自我安全感性格的人。

一个典型的例子是他的故事《男乘客》。卡夫卡在故事中让我们看到了一位电车乘客的内心。面对这种原本安全无害的环境，读者却不禁产生这样的想法，这位乘客无论如何都是不安全的。他这样描述自己的处境："考虑到我在这个世界、这个城市、我的家庭中的地位，我完全没有安全感。"他觉得自己没有任何合理需求："我也不能随便说出我在任何方面的理所当然的要求。"这甚至让乘客怀疑自己是否真的有权利站在这里，不知如何向其他人来证明、捍卫这个事实。——虽然，"没有人要求我这样做，但这并不重要"。

然后他的目光落在一个女孩身上。她就站在他的正前方："她如此清晰地出现在我面前，就像我触摸过她一般。"在他看来，她就像他一样，是活生生的、有人情味的："她的小耳朵紧

收着，但我就站在近处，还是看到了整个右耳廓的背面，以及耳根上的阴影。"但为什么，他问自己，她没有同样的疑惑："为什么她对自己不感到惊奇？为什么紧闭着嘴，不说出类似的话？"

表面上乘客亲近女孩，寻找灵魂伴侣；但最终，乘客在感情和行为（他并无具体的行动）上仍然是孤独且不自信的。

缺乏安全感的人都知道两种主要的应对方式：他们对于表达自己的需求和感受抱以回避的态度，并顺从别人的想法。他们这样做是因为他们怀疑自己的能力和思想感受的合理性。不幸的是，这种行为恰恰强化了他们的被排斥感（如图 3-4 所示）。

缺乏安全感的个性特点

你是否能感觉到自己缺乏安全感的部分？缺乏安全感的人可能会对自己有如下描述或想法。

- "你可以拥有它。"——我让别人拥有我真正想保留的东西，并把我的需求放在别人的需求之后，因为我觉得自己的需求是不合理的。
- "我相信你是对的。"——当别人反驳我时，我很快就会怀疑自己的意见和想法。
- "他肯定不喜欢我。"——我很快就会退缩，也会避免与人接触，因为我坚信，自己是无趣、不受欢迎的。

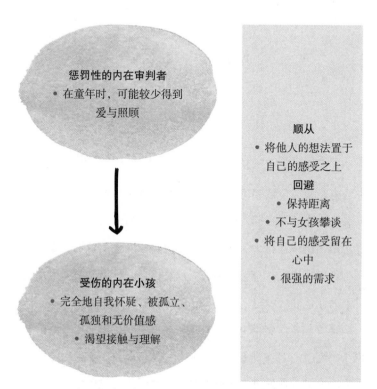

图 3-4 卡夫卡的《男乘客》(缺乏安全感的个性)的内在地图

第六节

离开别人就活不了

有类人完全依赖于他人，尤其在亲密关系中，或者在朋友关系和与医生、治疗师、同事等"帮助者"的关系中，这类人会表现出所谓的依赖行为。他们几乎不对自己的生活负责，需要别人来为他们做决定。依赖性强的人往往给人一种不能独立生活的感觉，为此他们会承担一些其实会让他们感到不适的事情。

诺贝尔文学奖得主，秘鲁作家马里奥·巴尔加斯·略萨的小说《坏女孩的恶作剧》中，里卡多·索莫库西奥在少年时期爱上了一个女孩，然而这个女孩原来是个骗子，并且突然消失了。在一生中，他和她见了几次面，每次都为她献上一切。但她总是对他撒谎，然后杳无踪迹。他对她只有依赖，他心甘情愿地奉献，不愿意追究她的谎言，执着于这段关系，但这段关系根本不能为他提供他实际需要的东西，即安全感、信赖感和对等性。男主人公的种种行为都符合依赖型人格的典型特征（如图 3-5 所示）。

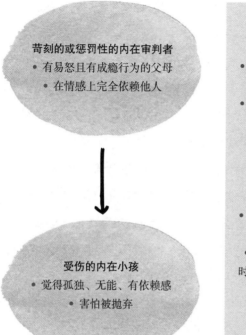

苛刻的或惩罚性的内在审判者
- 有易怒且有成瘾行为的父母
- 在情感上完全依赖他人

顺从
- 让自己适应别人的需求
- 扮演想象中被期待的角色
- 容忍被侵犯和被利用
- 极度追求和谐

回避
- 退出冲突和困难的情况
- 当冲突成为焦点时，宁愿让关系破裂

受伤的内在小孩
- 觉得孤独、无能、有依赖感
- 害怕被抛弃

图 3-5　**里卡多·索莫库西奥（依赖型人格）的内在地图**

依赖型人格的特点

有这种行为的人可能会对自己有如下描述或想法。

- "你觉得呢？"——在日常做决定时，我也经常需要别人的建议或确认。

- "你能帮我一下吗？"——我在组织生活中的重要方面，如金钱、养育孩子或规划日常生活等，总是依赖他人。
- "你是对的。"——我很难反对别人的意见，即使我有不同的观点并且坚信对方是错的。
- "我一个人做不到。"——如果没有人帮忙，我在提交和继续跟进任务上就会有麻烦。
- "我可以做这件事。"——为了持续得到他人的关心和照顾，我经常主动承担一些让我感到不愉快的工作。
- "我太讨厌一个人了。"——我一般不喜欢一个人待着。
- "下个拐角处已经站着另一个人。"——当一段感情结束时，我急切地需要一个新的伴侣来让我依靠。
- "不要离开我！"——我经常会想到自己会变成一个人，没有人照顾我。

第七节

当控制和不信任决定了生活

"外面是一片丛林!"——美剧《神探阿蒙》的片头曲这样唱道。蒙克是一个有严重洁癖的私家侦探,他的推理是典型的强迫症患者式的推理。在偏执的想法("水被病菌污染了")之后,紧跟着一个判断("这很危险"),然后是消极的感觉("我怕自己会中毒"),最终是强迫行为("我只喝矿泉水")。

另一个案例是电影《尽善尽美》中杰克·尼科尔森饰演的厌世作家梅尔文。对梅尔文来说,有太多不可能的事物了。他把自己的塑料餐具带到餐厅,每次洗手都用一块新的肥皂,绝对不踩路砖的接缝。

难怪他不是平易近人的人。就算别人没有对他提任何社交要求,他的日子也已经很难熬了。同所有患强迫性人格障碍的人一样,梅尔文很清楚自身行为的荒唐和尴尬之处。但出于自我保护,他以傲慢、令人受伤、自负的方式对待身边的人(如图3-6所示)。

强迫症患者的主要特点是极强的控制行为,即极度不信任他

人的可靠性和能力。他们并不一定会有不断洗手或检查事物等强迫症状，但通常会过度的缜密和严谨，极度节俭并对事物发展有僵化的观念。

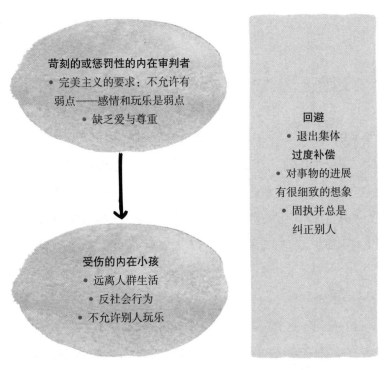

图 3-6　梅尔文（强迫症患者）的内在地图

强迫型人格的特点

有强迫性人格障碍倾向的人可能会对自己有如下描述或想法。

- "不是这样的。"——关于必须如何完成日常事物,我有非常具体的想法和细致的想象。如果别人做错了,我就会生气。
- "我很固执?!"——我经常听别人说,认为我是很固执的人。
- "这个还能用。"——我难以割舍不值钱的东西。毕竟我是个节俭的人,我为所有的突发情况都做了准备。

第八节

一切都是阴谋，一切都是敌人

你知道著名演员迈克尔·凯恩的名字并不是他的本名吗？年轻时，他被由赫尔曼·沃克的小说所改编的电影《叛舰凯恩号》深深吸引，而以船名为自己的艺名。

影片讲述了这样一个故事：1943年，菲利普·奎格上尉指挥美国的"凯恩号"猎扫雷舰艇。奎格的管理严厉且无情，渐渐地全体船员都与他反目。大副史蒂夫·马克中尉一开始还为指挥官的不理智行为辩护，但他很快就意识到，奎格偏执地唠叨着规章制度，并折磨军官及船员。奎格怀疑到处都有阴谋。他动辄就对小事施加严厉惩罚，这种行为到后来越来越失去控制。当他因为想不惜一切代价看到自己的命令得到执行，而最终操纵"凯恩号"驶入台风，危及全体船员的生命时，军官们解除了他的指挥权，并将船带到了安全地带。

回到美国后，军官们将面临军事法庭的审判，罪名是叛变。然而，奎格在法庭上表现出了他的妄想症行为，从而使军官们不服从指挥的行为得以合法化。

在现代心理学中，奎格属于患有偏执型人格障碍的人：他把别人中立、友好的态度理解为敌意，总是怀疑身边的人在计划着什么卑鄙勾当。和许多妄想症一样，他常常觉得自己被别人欺骗和利用。为此，他很孤独、封闭（如图 3-7 所示）。

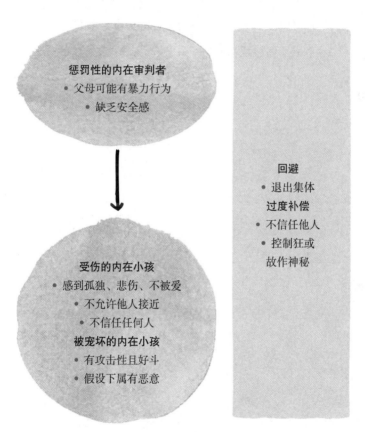

图 3-7 菲利普·奎格（妄想型人格）的内在地图

妄想型人格的特点

有妄想特质的人可能会对自己有如下描述或想法。

- "他在计划什么？"——我一直害怕别人对我图谋不轨。

- "不相信任何人和任何事。"——我很难相信别人。

- "我和他完了！"——一旦别人和我闹僵，那就完蛋了。我
  会耿耿于怀且我和他的关系是不可调和的。

第四章

脱下旧衣——
走进更充实的生活

Raus aus Schema F

第一节

终于开始清理

如果你的内在是个衣橱，你打开了并仔细检查过每一件衣物，那么你就已经知道了它们的来历，以及穿着场合、舒适程度。现在是时候来增添你喜欢的单品并经常穿它们了，是时候处理掉那些难看、不合身及不舒适的衣物了。你还可尝试挽救那些尚有价值的部分：那些东西可能第一眼看起来有些令人讨厌，但其实修改、裁剪后，就能变得合身。现在你可以专注于自己的改变的愿望，即问题只在于如何进行。可惜我们不能拿一个蓝色大垃圾袋，将所有不喜欢的东西都塞进去，送往旧衣回收处。想抛下那些我们不喜欢的思考模式和行为模式，需要耗费相当多的时间和精力，但没有投入是不行的。投入较大并不意味着一切都是不可能的，只要你有一些引导和支持，就一定能成功！

当你了解了自己的内在、感受和行为方式时，其实改变就已经开始了。因为这表示，你已经在反思内在体验和外在行为，也会更清楚地知道，你是否觉得自己是坚强与真实的。

如果你想针对特定的一点进行改变，其实可以尝试一些新的

方法，当然主要任务必须由你亲自完成。我在下文中将给你一些
建议，为你提供几个小提示。让我来成为你的向导和教练，向你
展示如何清理和补充你的内在衣橱。

制订总体目标

如果你想改变什么，接下来的重要一步就是制订一个目标。
这并不容易，每个人的情况不同，需要的东西也不同。但有几个
普遍适用的准则和原则，你可以：

- 治愈和安抚你受伤的内在小孩，让他未来不再那么脆弱；
- 给心中那个被宠坏的内在小孩一些机会，适当地表达出内心的感受，同时变得更自律；
- 减少来自内在审判者的有害之声；
- 放下有害的应对方式，选择替代办法；
- 让幸福的内在小孩和成年自我变得更强大，使你可以渐渐改变那些起消极作用的幼稚情绪和行为模式。

接下来，我将告诉你如何安慰和治愈你受伤的内在小孩，限
制内在审判者的专横、贬低的声音，强化自身健康与快乐的部
分。勇敢一点！我相信这个方法是有效的，最重要的是我相信
你。团结一致，我们就会成功。当然，你不一定要完成所有练
习。如果你没有发现自己的内在有个受伤的孩子，那就跳过相应

的练习。这样的好处在于，你可以有的放矢。

对于大多数练习，你都只需要一个安静的环境、一个舒适的座位和大约 20 分钟不会被打扰的时间。不过，你最好根据自己的需要来调整练习时间，时间长短可以由自己决定。在开始练习之前，一定要阅读所有的练习说明。

你的个人目标

你已经完成了第一轮的总结分析：你知道哪些幼稚的情绪何时会出现在你身上，它们的源于哪里。你已经思考过哪些行为模式是特别有害的，应该被改变。所以，你已经迈出了很大一步，干得好！

现在是时候进行专业练习了。我将一步步告诉你，如何通过行动将事情掌握在自己手中，逐渐让自己感觉舒适并实现目标。

想做到这一点，核心在于你要知道自己的目标是什么。对你来说，什么是特别的？什么不那么重要？未来几年，你想实现什么目标？你可以为了目标放弃什么？有些人最希望事业有成，有些人则非常重视家庭生活。一个名为"80 岁生日"的练习可以帮助你找出对你来说最重要的，你在生活中真正想要的事物。就像你在上文已经了解的那样，这是一个运用想象力的练习。这种练习是一种脑力游戏，但强度更大：需要形象地想象各种情况，感

受在这些情况下你所产生的情绪和想法。这个练习的特别之处
是，你可以自己控制想象的过程，并且通常你可以决定自己在多
大程度上置身于某个情景之中。

⊙ 80 岁生日（练习 11）

> 在生日、新年等特定的日子里，我们会对自己的生活进行总
> 结，为自己的成就感到骄傲，也为错过的东西感到遗憾。在这种
> 盘点中，我们不能改变任何事。所有与之相关的"如果有"和
> "如果是"都是不可逆转的。但 80 岁生日不同，因为想象中的"过
> 去"仍是现实生活中的你的未来。它仍然可以被塑造，而且当你
> 真的 80 岁时，你最好尽可能让自己少留遗憾。
>
> 让自己放松，闭上眼睛，深吸几口气，注意气息如何通过鼻
> 腔进出。慢慢地让自己平静下来。
>
> 当你完全放松时，你的想象就踏上了前往 80 岁生日的未来之
> 旅。你可以把这一天安排成自己想要的样子。在哪里过生日？室
> 内？户外？另一个国家？有庆祝会吗？想和谁一起度过这一天？
> 是否有伴侣、子女、朋友、同事或其他同伴在场？到那天为止，
> 你希望哪些人在你的生活中扮演了重要角色？

其中的某个人站起来，以"你"为话题进行了一场简短的讲演。在这一天，对方会说什么呢？你希望自己生命中的哪些方面得到赞赏？你是不是特别勇敢、有爱心、幽默、成功或者体贴周到？你想自己说点什么吗？在你的生活中什么是重要的？你有什么后悔的事，或者没有实现的目标吗？你想怎样度过自己的一生，让在自己80岁生日时可以满意地回顾过去？

当所有对你来说重要的事情都说完后，你可以用一个美丽的画面来结束这个练习：和那些你生命中曾经以及现在特别重要的人坐在一起，或者和你最好的朋友一起跳舞。在脑海中做你心中一直想做的事。专注于呼吸，片刻后回到此时此刻。

你对这次练习有什么感受？你有没有因为意识到生命的有限性而感到伤心？你心里应该有这种悲伤的位置。为失去或错过的机会而悲伤是重要的，因为它可以帮助你建立一个积极的目标，让你发现自己想用生命中剩下的时间去做什么。

通过这个练习，你可以了解自己真正想要什么，以及对自己而言重要的东西。我们今天常常有这样的感觉——我们必须在生活的各个领域中付出一切，但这显然是不现实的。起决定性作用的是，我们自己的优先级。也许对你来说最重要的是拥有一个家庭，或者你首先通过职业的成功来定义自己，可能你通过一个有

意义的工作可以得到满足，又或许当你拥有一个庞大的、类似家人式的朋友圈子时，就会感到特别快乐。无论如何，如果你明确了自己的优先级，就更容易优化自己对精力和时间的分配，并设定那些实现后可以让自己真正感到快乐和满足的目标。

第二节

帮助受伤的内在小孩

　　在我们很多人的内心深处，都住着一个受伤、胆怯的孩子。他一直没有得到自己需要的东西，比如足够的欣赏、足够的喜爱。他的感受和需求可能会被人取笑，可能也没有获得足够的机会来培养对自身能力的信心。总之，直到今天，孤独、被抛弃、悲伤、自卑或不信任等负面情绪还在折磨我们的内在小孩。

　　有时候孩子会沉寂。连续几天，甚至几个月都不出声。我们几乎已经忘记其存在。直到一个原本无害的情况将其唤醒，这时它又会大声而明显地回应：我在这里，我不舒服！

　　在这些时刻，淹没我们的负面情绪是如此强烈而令人痛苦，以至于我们宁愿与受伤的内在小孩保持距离。有时我们简直为他感到羞愧。我们是如此地想掩饰他，但那是错误的方式。这个受伤的本体是我们的一部分，现在我们要照顾他。让内在小孩最终得到被剥夺已久的爱，是我们的责任。我们现在可以弥补在童年中被忽略的东西。所以，照顾好你内心的孩子吧！安慰他并给予关注和爱护，赶走那些折磨他的孤独和自卑感！如弗洛伊德所要

求的："做自己的母亲和父亲。"

给你的内在小孩取个名字

如果你有时觉得，心中受伤的内在小孩或被宠坏的内在小孩在决定你的行为举止，那么更好地认识他们是相当重要的。了解是产生每个有意义且可持续的变化的前提。后续内容是关于你该如何识别形成于童年并沿用至今的应对方式，思考为何与何时它们是有害的，以及你孩子式的思维方式在何种程度上区别于其他"正常的"感觉。在各个内在部分的末尾，你都可以在虚线处记录新获得的自我认知以及你在整个人格行为模式中找到的东西。

请始终牢记：只有在真正了解了内在后，你才能真正地改变它。第一步是与内在小孩建立联系，这一步有许多不同的技巧。给每个活跃的内在小孩取个名字对此很有帮助，例如称受伤的内在小孩为"孤独的劳拉"或"绝望的雅各布"；称被宠坏的内在小孩为"固执的利奥波特"或"小倔头"；称幸福的内在小孩为"幸福的索尼娅"或"骄傲如奥斯卡"。用这种方式，你可以在各个内在小孩出现时，更轻松地与其对话（如表4-1所示）。

表 4-1　给内在小孩取名

受伤的内在小孩	被宠坏的内在小孩	幸福的内在小孩
自己的名字：	自己的名字：	自己的名字：
• 悲伤 • 寂寞 • 绝望 • 无助 • 羞耻 • 被抛弃	• 愤怒、生气、怒火 • 冲动 • 固执、"倔强" • 缺乏自律	• 轻松、兴高采烈 • 好奇 • 快乐、无忧无虑 • 安全

第一步：建立联系

我们中的许多人已经记不清童年的事了，也有些人是不愿回忆这些事，他们对自己的情绪感到羞愧甚至是厌恶。这些人忽视了他们的内在小孩。这是可以理解的，谁会喜欢受伤和无助的感觉呢？唯一的问题是，这种消极情绪会持续对我们产生影响。想改变这种状况，我们需要与受伤的内在小孩取得联系并治愈他。

⊙ 我遇见自己受伤的内在小孩（练习 12）

我如何接近"小小的自我"？我该如何与之交谈？我该如何

帮助并安慰他？最简单的方法是进行想象练习，让自己开始一次
前往过去的旅程，遇见小时候的自己。尝试尽可能生动地想象所
有事物，然后回忆你当时作为孩子的感受，以及描述你今天面对
这个孩子时体会到的感受等，这些情绪会不由自主地被触发。当
你的内心有一个受伤的小孩时，你就可以开始这个想象中的旅程。
如果你已经在第一部分中完成了此项练习，可以跳过这一步。

回忆一下你最近再次感到孤独并被抛弃的情况。花些时间去
想象，并让自己进入场景。现在，我们将尝试通过这种情况与你
受伤的内在小孩进行联系。

闭上眼睛，放松自己，想象一下负面情绪出现时的情况。尝
试在心中重新经历那个场景，并尽可能清晰地体会那种感觉。你
准备好了吗？你是否感到孤独、悲伤、受伤？我知道这并不令人
愉快，但是你可以做到。如果你非常清楚地感受到那些不舒服的
感觉，请从内心深处消除当前的场景，让内心只剩下那些感觉。

现在回到过去。等一等，让场景和想法再次出现在你面前。
有什么回忆浮现？哪些幼稚的感觉伴随着它们？你感觉到了那时
候的情绪吗？它与你在当前情况下的经历相同还是不同？

想一下前文提到的诺拉，她心中有一个很受伤的孩子，这个
孩子主要因多年的欺凌而形成。欺凌过后，剩下的就只有孤独和

被孤立的感觉，到今天，这种感觉仍然会被一些实际上无害的情况迅速触发。

所以她慵懒地躺在家里的沙发上，她问自己为什么总是会有如此奇怪和夸张的反应？她闭上眼睛，再次体会今天在办公室中充斥整个头脑的情绪。然后，她回到了童年时代的情绪中。很快，她进入了一个自己早已遗忘的场景。她想起了小学时的一个场景，每个星期一的早晨，孩子们必须围坐成一圈，并分享他们的周末。她非常讨厌这个活动！因为没有人愿意坐在她身旁。每个人都会默契地把椅子靠得很近，以至于她无法通过。当老师干预并要求孩子们腾出空位时，她旁边的男孩会捂住鼻子大声说："诺拉很臭。"然后每个人都笑了，都遮住了鼻子。诺拉清楚地记得当时她所感受到的排斥、悲伤和羞耻。而今天在办公室内，她所感受到的排斥、悲伤和羞耻与当时一模一样。

你或许可以想象，如此透彻地研究自己的消极情绪，并体会原本一次又一次地充斥整个头脑的孤独和被抛弃感，是非常令人不适的行为。但只有这样，你才能长期将这种情绪放在它们的应该待的位置，并限制它们的影响范围。

⊙ 我遇见"小小的自我"（练习 13）

　　如果你发现难以接近"小小的自我"，那么下面的练习可能会对你有所帮助。你不必在一开始就通过有压力的环境与内在小孩建立联系。如果你不信任上一个练习，那么此练习就是一个很好的开始，是第一次谨慎的靠近，是对受伤的内在小孩及其感觉的"嗅探"。

　　闭上你的眼睛，放松自己。想象一下，你走在一条田间小道上，道路两边是绿油油的草地，阳光普照，眼前的一切都被投射了金色的光芒，并轻柔地温暖着你。

　　柔和而温暖的风吹动着。你听着路旁的树木沙沙作响，你沿着蜿蜒的小径行走，几百米外，路与山交汇融合。仔细想象这一切。感受皮肤上的阳光、发丝间的微风、大自然的强烈色彩、枝叶间的簌簌之声……在柔软的沙质土壤上轻快地漫步。停留在这景象中，平静下来，完全放松。

　　准备好了吗？一段时间后，你将看到一个小孩从山后出现。他可能已经五六岁了，并向你迎面走来。你继续缓慢前行，看着小孩越来越近。再过一阵，你意识到这正是你自己。那个"小小的自我"越来越近了。你在走向他时，也给自己一些时间，冷静地观察他。你们终于在路上相遇，这时请花些时间，友好地向他问好。也许你想抚摸他的头，也许你想拥抱他，也许你想和他保持距离。

尝试尽可能生动、详细地想象这个场景：你"小小的自我"长什么样？这次相遇感觉如何？你想对他说些什么吗？你想和他度过很长时间吗？想和他一起坐在草地上玩耍吗？那么就去做吧。

当你觉得自己一切安好时，就该告别了。你想让自己的"小小的自我"在回去的路上带些什么吗？观察孩子如何往回走。

现在，请你先体会坐着时的身体感受，你的脚如何触碰地面，并以此慢慢回到现实世界，然后再慢慢睁开双眼。

你可以根据个人需要设计此练习。如果你愿意，你还可以在以前的儿童房、其他重要或安静的地方拜访你的"小小的自我"。而且你可以和他一起做一些事情：也许你有兴趣游览一下小时候住的房子；也许你来到了小时候对你来说很重要的地方；也许你在那里遇到了过去的其他人，比如你的兄弟姐妹、父母、朋友、老师等。

建立联系的辅助物品

某些物品可以帮助某些人与他们的过去建立联系：照片、信件、毛绒玩具、特定的音乐、气味、口味等。这是由于感官知觉

与人的记忆和情感紧密相关。文学界的著名案例是马塞尔·普鲁斯特的马德莱娜蛋糕。这种奇妙的糕点触发了《追忆似水年华》中主人公最生动的童年回忆。我们所有人都有这样的马德莱娜蛋糕，它们所唤起的回忆并不总是那么令人愉悦。一些气味强烈地让我们想起了我们不喜欢的人或发生不愉快事情的地点。

你也可以有意识地使用这种马德莱娜效应来与你小小的自我和他的感受建立联系。尝试尽可能准确地感知它们，可以帮助你从自己的生平中解释当前存在的问题感受。

第二步：认清需求

受伤的内在小孩发声时，我该怎么办？幸运的是，这里有一份"灵丹妙药"，以下三条规则将帮助你推进"治愈内在小孩"的任务。

- 让负面的感觉过去吧，仔细感受自己内在的情况；
- 问问自己现在需要或想要什么，当前没有满足哪些需求，你想起了哪种童年时的场景；
- 问问自己，比起童年时代，你今天能更好地满足哪些需求。

想用正确的方式对待受伤的内在小孩，至关重要的是要先接受和容忍其引发的负面情绪。而在前面的练习中，你已经开始试着去那样做了。现在你可以考虑一下，这个你心中的"小小的自我"需要什么才能有更好的感觉。

我心中受伤的小孩需要什么（练习单 4）

"小小的自我"的名字是？

和"小小的自我"相遇，感觉如何？我当时有什么想法？

"小小的自我"向我提出了什么愿望？他需要什么？

我让"小小的自我"带着什么出发上路？什么话语、物品（例如毛绒毯）、建议或安慰？

第三步：进行关怀

你现在知道了如何与受伤的内在小孩建立联系，以及怎样才

能让他有更好的感觉。这样你就迎来了最后一个结束问题：你如何才能给内在小孩提供所需的东西？你怎样才能充满爱地照顾他呢？如何治愈他的伤痛，平息他的恐惧？

这时，想象练习也是一个很好的解决方案，因为这与找到治愈效果的图像有关。它们展现了你或你所爱并信任的其他人正在关心的"小小的自我"。

你已经知道如何能在幻想中遇见受伤的内在小孩。你可以设身处地为他着想，并感受他的孤独和悲伤。尽管如此，你和那个孩子的自我之间还是存在不可逾越的鸿沟：你是成年人，你比小时候更坚强、更稳重。那些小时候深刻影响过你的经历，对现在的你的作用比小时候小得多。所以你也能够安慰、支持和保护你的"小小的自我"。如果你将坚强的成年自我放在你受伤的"小小的自我"身旁，并且安慰他、护着他，效果可能会非常好。

同时，图片、符号和手势可能会起到一定作用，通常会对受伤的内在小孩有非常好的影响。我们真应将之视若珍宝。它们帮助并提醒我们不断回看我们的"小小的自我"，珍重且专心地照顾着他。注意，不要再忽略你的"小小的自我"，给他应有的关爱和尊重。

在下面的练习中，你需要一个将你与你的童年联系起来的物品。

⊙ 在想象中安慰（练习 14）

> 观察这个物品，触摸它，闻一闻它。你的脑海中浮现了哪些图像、思绪、感受？你记起了哪些情形？在哪些情况下，你看见了"小小的自我"？他感觉怎么样？他现在需要什么？他独自一人吗？他感到悲伤、被排斥还是受伤？走向他，并且给他他所需的东西。你也许可以搂住他的肩，对他说些安慰、鼓励的话语。或者，你可以反击那些刻薄、不公正的攻击来维护他。

你再想想诺拉。她找出了旧的班级合照。尽管照片已经有些起皱和泛黄，但依旧可以清楚地分辨每个人的面貌，诺拉当时感到不舒服。她耸着肩，目光没有直视照片。不自觉地，她回忆起自己在回家路上受到三个同学欺凌的场景。在这基础上，她想象着长大了的自己走向小小的诺拉，保护她免于欺凌。长大了的自己高声责备那几个女孩不公平的举动，直到他们道歉并离开。

⊙ 我给自己的信 1（练习 15）

> 如果你已经发现了关于你受伤的内在小孩更多的事，那么是

时候来给"小小的自我"写一封信了。你需要一张信纸、草稿纸和一支笔。

首先，在草稿纸上做些笔记。思考你今天能做些什么来让你的内在小孩好过些。收集他缺少的东西，还有你今天想要给他的东西，以及想要对他说什么。想清楚这些之后，你就可开始写了。选择一个体现尊重和亲切的称呼，如"亲爱的小诺拉"，并且继续表达你对内在小孩被迫经历那些痛苦的同情。对他的处境和行为表达理解和共情是非常重要的。接下来，你应该写出你愿意为自己的内在小孩做些什么：保护他、支持他、给他勇气、安慰他……最后，你应该向他承诺，未来你会充满爱地照顾他。

亲爱的小诺拉：

你有一个艰难的童年。我多希望能有一个时光机，你和我可以将时间倒流，让一切重新开始。这一次我会照顾你，不让别人再如此过分地对待你。我会保护你、支持你。不过可惜我们没有时光机。

我非常能理解，你当时无法保护自己。其实我也不是总能保护自己，即使我已经长大，而且已经很坚强。

我其实只想告诉你，你对我来说很重要，未来你可以信赖我。如果再次发生危险，我会一直在你身边。我保证。

和关爱"小小的自我"一样重要的是，关爱成年的自己。照顾好自己！确保你在今天的生活中也能得到你所需要的东西：接触、关注、乐趣——不是只有孩子才有这些需求。这些与我们同在，直到我们生命的最后一刻。如果你在目前的生活中不能每天体验到被爱的感觉，你的需求也难以被满足，那么你就不可能长期疗愈你受伤的内在小孩。

你应该在自我照顾和自我关注方面有所改善。可能多年来你一直在不负责任地忽视自己，对自己过于苛刻、严格、严厉。这对谁都不好，为什么你不能像对待心爱的人那样，比如像对待你的好朋友、伴侣那样，用爱和尊重来对待自己呢？

我想让你意识到这件事：对自己好很容易，然而很多人都觉得那是相当困难的。下面的问题可以帮助你对自己和你受伤的内在小孩采取有爱又带有关怀的态度。

- 为什么我现在会感到悲伤和受伤？我现在需要什么来缓解这些感觉？

- 如果内在小孩比平时更频繁地出现：我现在的生活哪里出了问题？我是因为工作还是因为伴侣而有压力？我是因为失去了一个重要的人而伤心吗？我在担心什么事还是什么人？我该怎么做才能找到平衡和安慰？

- 我需要怎样做才能感受到快乐而不是悲伤，感受到联系而不是孤独？

诺拉现在已经知道，她的不安全感及出乎意料地压倒她的孤独感和排斥感源于何处：她糟糕的学校时光。多年来所忍受的霸凌，正是至今仍让她经常感到孤独、无故被边缘化的罪魁祸首。同时，她也发现，什么是在这种时刻下对自己有利的东西。诺拉已经寻求了团体心理治疗。这是一件很随意的事情，每个人都需要有人能和自己对话，谈谈自己的烦恼。有人能倾听自己的话，并认识到自己不是唯一有问题的人，这也是重要的个人需求。

治疗团体给了诺拉很多力量。在这里，她可以把在办公室里让她不愉快的时刻告诉别人，并且这样做也不会显得很愚蠢。仅仅是知道自己被理解，以及与他人进行彼此尊重、带有善意的互动，便已经是治愈她的灵丹妙药。

第三节

抚慰被宠坏的内在小孩

你是否已经决定努力改变自己被宠坏的内在小孩？这是个好消息。因为这样，你就可以有所准备，去迎接一个更美好、更有力量的未来。想做到这一点，你需要学会用一种让自己有机会得到满足的方式来表达自己的需求。

我们都会有生气和愤怒的时刻，这是人性的本能，也是一件再正常不过事。如果在某些情况下，别人不顾及你的感受，不公平地对待你，而你却不觉得生气，那你很可能出问题了。关键是愤怒的程度，以及愤怒的程度和情况相称与否。例如，你因为朋友没有约你去看电影而发脾气，做出了伤人的反应，或者因为在演讲时有人在你旁边轻声交谈而大发牢骚。此时你应该问问自己，有没有对目前的情况做出恰当的反应，或者是不是被宠坏的内在小孩在作祟。

冲动的反应也是如此。当你每天都面临着几乎无穷尽的、大量并不吸引人甚至有时惹人厌烦的任务和职责时，偶尔犒劳自己是相当重要的。如果你在忙碌了一周之后没兴趣做家务或者做运

动,而是宁愿躺着发呆,听听窗外鸟儿的鸣叫,那么祝福你,安心去做吧!如果你只是匆匆忙忙地从一个任务到下一个任务,那么你最终会失去自己与感受的需求的联系。

"坐在海湾的码头上,消磨时光!"1967年,欢快的奥蒂斯·雷丁吹着口哨唱道。[①] 如果你没体会过金色周日的早晨时光静静消逝的乐趣,那么是时候改变了!但如果你不仅这样度过周日上午,而且每天你都至少有一段时间是这样度过的;如果你发现这种安宁所带来的乐趣正在减少,感觉无法实现自己的目标,那么也可能是被宠坏的内在小孩正在你身上活跃,你有必要在自律方面更努力一些。

被宠坏的内在小孩和他的愤怒需要我们的帮助。这说起来很简单,但我们怎么做才能帮助他呢?我们要用怎样的方式照顾他,才能重新实现自己的长期目标,而非总是陷入困境呢?

第一步:查明原因

在本书的第二章中,你已经对自己被宠坏的内在小孩有了更深入的了解。你知道了他出现的时间和他的来源。现在你只需要找出自己愤怒背后的需求,并且学会如何用不同的方式来表达和

---

① 知名的美国歌手。文中歌词出自其著名歌曲《坐在海湾码头上》。——译者注

满足这些需求。愤怒通常不会帮助我们找到需求，而会妨碍我们认识自己的实际需求、满足我们的实际需求。不过，有时候也要明白，你不可能得到被宠坏的内在小孩想要的一切。

每个人的愤怒背后的需求和感受是非常不同的。关键在于了解愤怒因什么而产生，被宠坏的内在小孩是唯一的原因吗？还是受伤的内在小孩的感情也参与其中？

怒火和生气——被宠坏的内在小孩的"热"情

有些人之所以表现得很愤怒或冲动，是因为他们从未学会接受界限。他们小时候太受娇惯，没有学会自律。此外，家长的忽视也会导致这一情况。有些家长没有耐心与自己的孩子相处，也没有力量或兴趣拒绝他们的要求。任何有孩子的人都知道，拒绝给在超市打滚、尖叫的小宝贝买巧克力棒是一件多累的事。但这也是父母工作的一部分。如果他们不这么做，就是在伤害孩子。如果一个人在小时候认为只要自己发够了脾气就能实现目的，那么他成年后就会走上歪路。因为人不会总能得到自己想要的一切。如果世界真能那样，社会生活中的一切将完全无法运转！

如果你感到一直有一个被宠坏的孩子在心里肆虐，那么你就应该问问自己：我到底应该得到什么？或许我应该变得更自律？

这并不意味着你应该放弃乐趣和自发性。相反，你要尽可能让自己生活得更好，尽情享受一切吧！最悲哀的莫过于那些从不犒赏自己，为了一个或许永远不会到来的未来而节省一切的人。若非必须，不要阻拦自己。

但是，如果你觉得因为有时想要太多，所以有一些冲动、幼稚的行为并因此破坏了自己的人际关系，那么就要试着在自律和自我释放之间找到一个平衡点。我知道这说起来容易，做起来难。一开始你可能会很沮丧，因为这是一条艰难的道路。不要指望奇迹。事实上，只要你坦诚面对自己的问题，你就应该为自己感到骄傲。保持真实，即使是前进一小步也总比没有进步好。如果你认真地尝试不屈服于自己的拖延症或为自己争取特权的冲动，并且承担不愉快和令人厌烦的任务，适应当下的环境，那么你就是令人佩服的！

想一下乌韦，他总是在车上发火。如乌韦的母亲所说，他的父亲就是"暴脾气"，他一次又一次地发火，让全家人都对他有所顾忌，并且乌韦也学会了这种行为。虽然家里有严格的家规，但很明显，家里的男人受到的约束与其他人不同。时至今日，乌韦仍然难以接受像其他人一样在政府机关、边检或超市结账处排队等候。这时他会很生气，并急切地要求和负责人谈话。然而问题是乌韦的这一招一直都很有效。他身上散发着一种能让大多数人都屈服的权威。

虽然如此，但因为并不是每个人都会理所当然地顾及他的脾气，所以如果他能了解他和对其他人都适用于同样的规则，那么对他来说，尤其是对他的妻子来说，双方关系相处起来都会容易一些。毕竟，很多友谊的破裂都是因为，不是每个人都愿意像乌韦的妻子一样毫无怨言地忍受对方的胡闹。

当愤怒和悲伤交织在一起——我们身上"热"与"冷"的幼稚的感觉

很多人在实际感受到自己遭受了不公平待遇时会生气。如果你仔细观察，他们愤怒的背后通常是悲伤和孤独。因为他们在童年时经常觉得自己不被接受，所以现在也会很容易觉得自己被排斥了。在原本无害的情况下，毫无恶意的评论也会让他们生气。

如果你的愤怒几乎都与悲伤和受伤的感觉有关，那么你愤怒的原因并非骄纵，而应被理解为某种反应。如果有人在倾听自己内心的声音后，发现愤怒背后是"脆弱的"感受，如悲伤或孤独，那么他首先面对的是一个受伤的内在小孩。在这种情况下，首先要安慰和治愈自己的内在小孩才有意义。有些人说，在开始更好地照顾自己受伤的内在小孩后，他们几乎不再感到愤怒。

其实，被宠坏的内在小孩之所以表达愤怒，只是因为想大声掩盖受伤的内在小孩的悲伤。莎拉就是典型的例子。这个年轻的女人的童年有好几次被遗弃的经历，她直到今天仍会很快做出受到伤害和有攻击性的反应。伴随着愤怒，她感到的是向往联系和认可，以及能够信赖某个人的需求。其实，她是在寻找无条件的

爱和可靠的照顾，这些都是她的父母不曾给予她的东西。

不幸的是，她的不信任感和频繁的攻击性行为让她事与愿违。她之所以会把朋友从身边推开，是因为她经常怀疑朋友想离开她。

对莎拉来说，重要的是明白她是值得被爱的，其他人根本没有打算躲开她，大家都重视她的陪伴和与她的友谊，而且她完全可以信赖别人。所以，莎拉首先必须要照顾好自己受伤的内在小孩。一旦他痊愈了，她的愤怒很可能就会消失。

你是否已经了解自己是只有愤怒和冲动，还是也伴随着悲伤？接下来的想象练习可以帮助你明确这一点。你可能会感觉这一练习有些奇怪，觉得整件事有点可笑，但不要被吓倒，也不要感到不安。你会惊讶于这一练习的效果。

⊙ 是除愤怒外再无其他，还是悲伤伴随着愤怒而来（练习 16）

> 选一个让自己舒服的姿态，闭上眼睛。现在把自己放在一个最近被负面情绪压倒的情形中，感受自己的情绪。试着准确而强烈地感受它们。你的情绪是愤怒？不快？不自律？无精打采？还是伤心？寂寞？否定？你是否觉得受到了不公正的待遇？问问自

己以下几个问题：是谁或是什么触发了你的这些感觉？这种情况在客观上是否公平？如果这种情况发生在别人身上，你会不会认为是不公平的？

希望这个练习能帮助你发现，你被宠坏的内在小孩通常会在哪些情况下出现，他引发了什么感受，背后藏着什么需求。如果在你的不快与愤怒的背后有着悲伤和孤独的感觉，那么在你心中受伤的孩子出现时就去安慰他，一定能有所帮助。对此，你可以回到"练习单6"并进行相应的练习。大多数情况下，在受伤的内在小孩被治愈后，愤怒也会随之消失。

对被宠坏的内在小孩的愤怒进行分类和理解

被宠坏的内在小孩会诱使受影响的人产生轻率的行为。愤怒或冲动的行为背后可能有差异巨大的不同需求。因此目标应该是，使自己最终以能够满足这些需求的方式来表达它们。

首先，要找出你的愤怒背后的需求。以下原因和过往经历往往是导致被宠坏的内在小孩在我们身上扎根的原因。

缺乏自主。许多青少年为了自由空间而抗争，有时这样做是徒劳的："不要进我的房间！""我和谁打电话，关你什么事！""别再出现在我的生活中！"……家长们往往对于这样的话感到惊慌失措。他们害怕失去控制和权威，常常不够信任孩子。这类争执是完全正常的，而且还有一个作用：有助于双方完成相互脱离这一人生中必须存在的过程。家长们喜欢在青春期的孩子和他们的荷尔蒙上寻找过错。同时，他们自己很难也没能力放开手脚给予孩子应得的自主空间，而这恰恰是孩子们所需要的、所争取的。

有的家长甚至完全拒绝根据年龄来区别对待孩子的观念。他们在很多方面对孩子进行不必要的管束。比如决定十六岁的儿子该穿什么衣服，干涉十五岁的女儿结交什么朋友，或者在青春期儿女的朋友面前发表一些不合时宜的评论，让子女觉得自己被当作小孩子。子女对于父母这类干预的反应通常是反抗，并且这种反应会扎下根来。成年后，有过类似经历的人很容易觉得有人在质疑自己的自主权，并做出顽固、执拗的反应。

有样学样。想想乌韦，这个男人总是要求别人绝对顾及他，并且会要求特殊的待遇。他的这种行为模式也不是凭空出现的，而是从他父亲那里学来的。大部分人会将这种情况称为"有样学样"，即我们会承袭别人示范的行为。因为乌韦的父亲是个冲动、易怒的人，他会毫无顾忌地表达自己的需求，父亲让乌韦认为这样做很正常，便也跟着做。如果他不这么做才会奇怪，他要去哪里学习别的做法呢？

缺乏界限。可惜，孩子不像花儿那样，只要有了充足的水分、良好的土壤、和煦的阳光和细心的照料，就能茁壮成长，孩子还需要界限。关于第二根棒棒糖、早睡、打扫房间等可笑而又耗费精力的争吵，对孩子的成长绝对是重要的。如果我们不给他们机会去忍受做那些枯燥而又必要的任务所带来的挫折感，如果我们从不督促他们自律和坚韧，那他们日后也一定要补上这一课。完全没有纪律和界限，就不可能拥有一个正常的成年人的生活。或许这听起来很奇怪，但你小时候可能就不幸地被过度溺爱了。如果是这样，你要弥补，时不时地学会即使延迟满足自己的需求，也要完成最烦琐的工作。

思考一下，什么样的需求和原因藏在自己被宠坏的内在小孩的愤怒和冲动背后？

第二步：限定目标

多少才算多

毫无疑问，被宠坏的内在小孩带来的需求和感受是完全合理的。你时不时犒劳一下自己，或者表达自己的沮丧，都没什么大不了的。这就像啤酒上的泡沫一样，是让生活充满活力的一部分。这也是一个关于节制的问题。

只是尺度应如何拿捏，多少才算多呢？询问好友是一个很不错的方法，这样做可以帮你了解自己是否过度倾向于有攻击性的或自私的行为。同时请记住，大多数人都觉得很难批评别人的行为。如果好朋友已经抱怨过你的自私或不可靠，你可以认为这些指责很可能有一定的道理，并且你的朋友们很关心你。所以，如果你被批评了，你应该认真对待它，并借此好好反思自己，是不是有时过于咄咄逼人或冲动了。但你也可以为自己感到骄傲，显然自己是那么可爱，有个这么好的朋友，尽管自己有这样或那样的问题，但身边的人还是愿意与你相处，即使有矛盾也不想失去你的陪伴和友谊。

当然，他人可能是基于某种特定的情况才批评你的行为，这根本不能说明你的个性。但你至少应该意识到，要认真对待这类信息，检查它是否就事论事，还是或许与你的一般行为有关。

目标和需求

每个人的人生核心问题是，我的实际需求是什么？而我现在的行为能推动这些需求得到满足吗？如果你对这两个问题都有一个比较满意的、正面的答案，那么恭喜你，你已经具备了拥有幸福生活的最必要的前提条件。但如果你还不能回答这两个问题，那么也许下面的练习可以帮助你。

当被宠坏的孩子指挥我时：优势和劣势

改变愤怒或冲动的行为可能会让你产生很大的挫折感，所以最好提前确认这是否值得。你可以通过统计表（如表 4-2 所示）来了解幼稚行为带给你更多的是优势还是劣势。之后，你会更容易决定是否要试着做出改变。

表 4-2 **被宠坏后的优劣势**

一	优势	劣势
短期	<ul><li>我不必考虑讨厌的东西</li><li>我知道，我之所以总是有惊无险地度过一切艰难险阻，是因为我的母亲在危急时刻帮助我</li><li>我不必面对冲突，不必为自己的利益尽力付出</li></ul>	我常常觉得，处理自己的杂事很尴尬
长期	到目前为止，我逃避了许多事，而且这种情况还将持续一段时间	<ul><li>我总是陷入艰难或令人不安的处境</li><li>我总是丢掉工作</li><li>我失去了仅有的几个朋友</li><li>我最信任的人一直都是我的母亲</li><li>我的生活没有自主性，不像成年人</li><li>如果我的母亲老了，我该怎么办</li></ul>

看看被宠坏的利努斯在表格中写了些什么，也许会对你有所帮助。你可以在上文中找到关于利努斯的故事。在他四十岁时，

他的母亲仍然帮他分担一切，他也因此不断地陷入冲突。

也许你的表格和上表看起来很类似，都有相对较多的短期优势与长期劣势。利努斯必须想清楚对他来说什么更重要？是短期便利还是长期的对自主、联系与压力变小的需求，或者在人际关系和工作上更成功的需求？没有人可以替他做这个决定，也没有人可以替你做这个决定。

⊙椅子对话（练习 17）

> 如果你还对此心存疑惑，那么还有一种让你更加确信的练习：椅子对话。通过这一应用心理学的技巧，你可以让内心的冲突变得更加直观和具体。在咨询场景中，通常会设置两把椅子。在家里时，你也可以这样做，比如摆上两个可爱的毛绒玩具、布娃娃或玩具小人等。

不管你选择什么，不管是两只毛绒玩具还是烹饪锅，重要的是将其中一个，也许是红色的小锅，与你被宠坏的内在小孩视为一体；而将另一个，也许是一个不锈钢大锅，与你的成人自我视为一体。接下来，你要不断从一个象征符号切换到另一个象征符号，一会儿从被宠坏的内在小孩的角度出发，一会儿从成人自我的角度出发，让他们互相交流。你可能会想，这一幕真是愚蠢。但这样做可以帮助你厘清成人自我和被宠坏的内在小孩之间，总是反复发生哪些冲突，并找出自己真正想要的东西，进而帮助你满足短期需求或实现长期目标。

第三步：获得控制权

如果你对前两步已经心中有数，那么第三步就是改变自己的行为模式了。毕竟你想在未来更好地控制自己的行为，不再让无意识的行为模式从你手中夺走控制权。你可以让自己有能力、有意识地行动，做长远来说对自己有利的事情。

做出与习惯所不同的选择是一个很大的挑战。不要小看它，但也不要小看自己。你可能比你自己想象中更有力量和意志力。

不过，你还是要保持切合实际的态度。设定自己能够实现的目标，否则挫折感很可能会让你很快就选择放弃。选择那些有一定挑战性的目标，这些目标千万不要不切实际！

未满足的需求

哪些目标是切合实际的呢？这点因人而异，不过很容易确定。找出那些对你来说重要的目标和需求。因为你不可能马上改变自己

的全部行为，但你可以着手处理让最重要的需求无法被满足的阻碍。合理的方式是，首先考虑在哪些情况下，你被宠坏的内在小孩会活跃起来，以及哪些需求会因此得不到满足（如表 4-3 所示）。

表 4-3　联系清单

我被宠坏的内在小孩出现时的场景	我的哪些需求没有被满足

填写时，可以看看茱莉亚都记录了什么，这也许会对你有所帮助。她被宠坏的内在小孩很容易且频繁地流露出来，因为她一直觉得自己在被利用，得不到别人的肯定。

她经常性的指责也让别人感到十分厌烦，别人的认可和同情确实会因此大幅消退（如表 4-4 所示）。

表 4-4　联系清单示例

我被宠坏的内在小孩出现时的场景	我的哪些需求没有被满足
• 我长期因为工作而沮丧，并向朋友不断抱怨 • 面对上司，我有时会非常生气，而且通常是因为一些琐事。所以我的激动显得很可笑	• 我感受不到朋友的关照，因为我拒绝她们 • 面对上司，我不能实现自己的请求，因为我没有适时、适当地表达出来 • 我的谈话对象也许无法再认真对待我了。同时，我请求对方不要利用我，这对我来说很重要

对茱莉亚来说，类似的情况总是会在她身上引发大量孩子气的烦恼。同样，她类似的需求也总是得不到满足。你也是这样吗？你能说出你与她的相似之处吗？

一旦你做到了，那就为下一步打下了完美的基础：制订切实可行的目标。想一想，在哪些情况下，你会饱受被宠坏的内在小孩之苦？在哪些情况下，你因需求得不到满足而变得特别糟糕？你首先要关注一些具体的情况，学习评估改变这方面的难度。这个过程会让人感到疲惫和沮丧，因此请不要过多地苛求自己，要敢于迈出新的步伐，即使一开始看起来渺小而脆弱，但那也是值得的。

好目标，坏目标

现在你知道自己想改变什么了，接下来请努力将这些目标付诸实践。为此，你需要一个尽可能积极而具体的想法，你要在未来如何行动，成为一个什么样的人。制订明确的目标并不是那么容易的，目标应该尽可能现实和具体。所以，你必须思考，在你的前提条件下（如时间、承受能力等），在有限的时间范围内（如不超过一周），你能做到些什么。然后将它们以很具体的方式表达出来。这里的目标不是"我想在集体中感到舒服"，而是"我想在周二参加圣诞聚会，和那里的某个人攀谈，聊上几分钟"；不是"我想变得更自信"，而是"下次大家一起坐在网球

俱乐部里时，我想问问别人，有没有兴趣和我打一场比赛"。只有具体、积极、现实地表达出目标，它们才具有可操作性。它们一定要规定明确的行为，并且要以为自我负责的方式表达，不是"我的同事们应该问问我，是否也要一起去"，而是"我想问问同事们，我下次能不能一起去"。

我希望，你现在对于目标可操作性的高或低有一个大致的了解。一开始可能很难理解，人对自己到底能有哪些现实的期望，以下问题应该能帮助你对此有更深入的了解。

我能对自己有什么期待（练习单5）

在哪些情况下我想限制自己被宠坏的内在小孩（比如在我的恋爱关系中、工作中、运动中）？

对我来说，哪些情况特别重要？

对我来说，哪些改变很可能更简单？

对我来说，哪些改变很可能更难？

什么是现实的？给你自己制订一份计划，要很具体地写下你想做出的改变（比如，和朋友每周去做一次瑜伽）。

你想如何奖励自己（比如，如果我能坚持我的行动两周，那么我就奖励自己去蒸一天桑拿）？

试想利努斯会如何填写这份问卷呢？他可能已经厌倦了与朋友、同事和雇主的冲突。他大概也想终于挣脱了母亲的控制，可以活得更具男子气概、更自主一些，让自己更像个成年人。一次性解决所有问题是不现实的。所以利努斯需要考虑在哪些情况下，他的行为特别让他自己感到困扰。

如果他特别害怕和尤里的友谊最终会走向破裂，那么他可以下定决心不再让尤里为他做任何尤里可以为他做的事情，而是更好地倾听尤里的意见。具体来说，这就意味着，利努斯终于可以用自己真实的地址进行住处登记，并在下次见面伊始就询问尤里

的感受。他大概很快就会注意到，尤里会有多高兴。为了奖励自己，他还在街角的越南餐厅请尤里吃了美食。

然而这只是个开始。利努斯要想达到自己的目标，还要过另几道坎。不过即便如此，他也已经可以为自己感到骄傲了。

→ 提示：这样你可以更好地控制自己的愤怒

接下来给你几个小建议，帮助你控制自己的行为，抵御顽固的思想和行为模式，最终更好地满足自己的需求。

我知道这点！——学会读懂信号

如果你仔细留意就会发现，在那些被宠坏的内在小孩控制着你的行为的情况下，你总是被同样的身体感觉和想法所侵袭——你肩膀紧绷、咬着嘴唇、大声跺脚、握紧拳头……可能还会伴随这样的想法："当然，这很明显！""他们都是傻瓜！""去他们的吧！"……这样的想法和身体反应是预警信号。如果你注意到它们，也许还能阻止自己内心酝酿的龙卷风。就算剩下的身体部分都已沸腾，也还可能保持冷静的头脑。此外，在愤怒过度之前，最好先表达出自己的怒气。千万留神，不要等到自己怒气冲天再表达！

一点一点——掌控愤怒的"剂量"

将你的愤怒传递给对方的最好方法，就是向对方做出恰到好处的强调。暂时保持冷静，并实事求是地解释你不喜欢的事。如果你注意到对方不理会你所说的话，此时再加把劲儿，但切记别加太多了。

如果你感觉暴风雨即将来临，有什么东西正在酝酿，而且风力正在慢慢地增强，形成了飓风，那么先什么都不要做！休息一下，做一两次深呼吸，去趟洗手间，伸个懒腰，再开扇窗户——无论做什么，总之要让自己休息一下，让自己远离当下的环境片刻。这可以帮助你明确，自己在这种情况下究竟想达到什么目的。

现在，我需要……我的幸运石

你可能看过美国电影中那些没刮胡子的私家侦探、商人或警探，他们总会在辛苦的一天结束后喝上一杯。大多数时候他们看起来都是这样，有一种不知为何却很吸引人魅力，尽管他们不修边幅，非常邋遢。但我建议你不要事后放松，而是事前就去做一些减轻压力的事。酒精自然不是长久解决问题的办法。和酒精一样有效且不容易让人堕落的是一些常备的、可以用来放松的象征物，比如一块光滑的石头，人们把它放在口袋里，关键时刻去摸一摸，多么令人安心的画面；比如当你又一次着急上火时，你可

以让某幅画面占据自己的脑海；一首歌，可以让人不再感受到某种情况的折磨。对我来说，《音乐之声》的主题曲就很奏效。当我把这首已经不再流行的颂歌唱给自己听时，我立刻意识到那些激怒我的情况的荒谬。这首歌可以使我微笑，不管我刚刚有多生气。

⊙ 另一种行为 1（练习 18）

> 时不时地在脑海中想象自己走进了捕食者的笼子，在想象中训练替代有害行为模式的行为模式。如果你能坚持并认真地完成训练，那你就可能在现实中避开那些对你有害的行为模式。这种心理训练实际上是在为实战做准备。
>
> 想象一下自己平时生气的情况。把自己放入相应的情绪中，去感受它们。现在想想，想不那么生气，你需要什么？你是否需要一个朋友向你保证，不是所有的人都对你有恶意，会拒绝你？你是否需要有个人来支持你，给你一个拥抱？无论自己需要什么，在脑海中得到它！如此，相应的情况就会改变。想象一下，如果你不发脾气，事情会如何继续发展下去？客观地表达自己的需求，并标记自己被侵犯的底线。

茉莉亚很难说不，总是把怒气咽到肚子里。终于，她决定心平气和地跟上司说，公司的加班对她来说太多了。她不想一直向朋友抱怨这件事，既破坏气氛，又无法解决实际问题。她在想象中练习和上司对话。在这个过程中她发现，当她的朋友夏洛特站在她这边时，她的心态就会好很多。这让她感觉很好、很安全。在她准备和上司去沟通之前，她会想象夏洛特站在她的身边支持她！

⊙ 行为实验：另一种行为 2（练习 19）

行为实验很特别，它会让你开心，会挑战你的创造力、幽默感以及你个性中有关玩乐和创造性的部分。

行为实验需要你有意地进入自己平时行为不当的场景中。乌韦应该进入路上堵车时的场景；对茉莉亚来说，办公室是个合适的场景；利努斯或许应该打开他的信箱。与其摔门而去，对伴侣大喊大叫，或威胁其他司机，不如去做一些完全不同的事情，让自己的想象力自由奔跑，替代行为可以很有趣、很夸张，只要它能帮你摆脱那些"旧衣裳"。这样你就会体验到，你也可以拥有其他的行为方式，而且它们通常更能满足你的需求。

第四节

强化幸福的内在小孩

生活并不总是一帆风顺，陷入无助和悲伤的情况也并不少见。要做的事情太多，而时间又太少；烦恼太多，而轻松、愉快又太少。有时候，比如当父母或孩子生病，或必须遵守最后期限时，这些也无法被改变。

正因为我们的日常生活如此紧张，所以为自己创造一些自由空间，为生活的灰暗带来一点阳光，给沉郁的自己带来些许乐趣，才显得那么重要。在这种轻松、愉快、嬉闹的时刻，我们幸福的内在小孩让我们心满意足，给我们带来快乐，这是对抑郁和压力过大最好的预防。所以，去帮助你幸福的内在小孩吧，加强自己嬉闹和随性的一面。在看起来无意义的事情上"浪费"的时间和精力，其实是最好的投入。

你可能会想，这听起来不错，但怎么做呢？我们大多数人都并不觉得激活我们幸福的内在小孩是件容易的事。幸福的内在小孩需要我们充满爱的关注，所以在经历所有的工作和因此产生的烦恼后，我们已经失去了与他的联系。

建立联系的最好方法是，进行那些通常能激活幸福的内在小孩的活动。不要只停留在口头上，而要用心去做、去感受。幸福的内在小孩的状态不可强求。一方面，我们很多人并不足够清楚究竟什么能让自己开心。如果有人直接问他们这一问题，可能还会引发他们的无助和沮丧。另一方面，有些人有很强的惩罚性的内在审判者，他们会因为不知道什么能让自己开心而感到内疚，并不得不惩罚自己，所以他们宁愿自己不开心。

因此，寻找幸福的内在小孩可能需要很长的时间，而且很多时候要穿越艰难险阻，会走一些弯路，但这不应该让你气馁甚至放弃。我们因自处或和我们所爱的人在一起而感到幸福的时刻，我们感到与他人产生联结，感到无忧无虑，我们想要拥抱整个世界、觉得世间一切都很美的时刻，正是我们活下去并积极努力的原因。

第一步：建立联系

和其他内在小孩一样，大多数人身上的幸福孩子都出现在特定的情况下。只有少数幸运的人能够做到在与当下无关的情况下，自发且深度地进入这种状态。为了加强你幸福的内在小孩，首先要考虑自己在什么情况下，通过什么活动，可以有效地唤醒他。

如果你很难找回你心中那个幸福的孩子，可以尝试建立一个所谓的情感桥：在这种情况下，建立过去和现在之间的联系感，会帮助我们重新建立无障碍通道，通向自己贪玩、好奇的一面。建立这样的情感桥梁的最好方法是想象练习：回忆过去的情况，体会当时的感受和感官体验，试着找到今天让你产生类似感受的情况。

⊙ **情感桥**（练习 20）

坐下来，两脚稳稳地踩在地上，闭上眼睛，专注于自己的呼吸。有意识地吸气、呼气，吸气、呼气……直到你完全放松。

现在问问自己：我上一次感到无忧无虑、幸福快乐是什么时候？也许是上周三你和朋友逛跳蚤市场的时候，是夏天你和孩子去游泳、野餐的时候，或者是较长时间之前过了一个特别美好的圣诞节的时候，或者是工作上取得的成就感的时候，还是和姐姐去动物园玩了一天的时候？

将自己放入这种情形中。尽可能生动、详细地想象一切。那是什么样的日子？阳光是否灿烂？你和谁在一起？做了什么？但同时也想想，你的感觉如何？阳光温暖了你的后背吗？香甜冰爽的柠檬冰激凌有没有顺着嘴角滑下来？你的脚趾间有沙子吗？风是否曾轻柔地抚弄你的发丝？

这个练习的目标是，用尽可能形象的想象与幸福的内在小孩的感受建立联系。你可能认为自己已经完全失去了这个快乐的部分，但事实并非如此。这些感受只是落了些灰，甚至可能被掩盖了。但在这个练习中，你会发现它就在那里。拂去尘埃，让它们重见天日吧！

除此之外，强烈的情感和感官记忆也能帮助你架起通往当下的桥梁。基于这些感受，你可以在今天的生活中就开展类似的活动。有些时候，我们会一时想不出能做些什么来激活自己心中的幸福小孩。但经过这个练习，你可能会对此有一些新的想法。

安德里亚，这个从小和修女一起长大，现在禁止自己开展一切享乐活动的年轻女子，此刻面临着激活幸福的内在小孩的任务。安德里亚大概很难培养出一个强大的幸福的内在小孩。她在进行所有愉快的活动时，都会产生强烈的内疚感和对自己的厌恶。此外，她的童年几乎也没有什么玩乐的空间。因为糟糕的童年经历，她长期处于抑郁状态，情绪很不稳定。

像安德里亚这样的人，尤其可以从强化自己幸福的内在小孩的练习中受益匪浅。在这期间，她的治疗师努力说服她，让她相信与幸福的内在小孩建立联系很重要。你是否知道,哪些活动可以帮助她做到这一点呢?安德里亚不知道,她一时根本想不到。因此,她让自己回到童年,这对她来说很困难,她的童年被忧郁、无趣、内疚感和残酷的惩罚所支配。但最后她还是触及了一段美好的回忆:她记起了一个年轻的修女。卡蒂修女风趣而热情,但只在修道院学校短暂地待了几个月,安德里亚几乎要把她忘记了。现在她记起了那段骑车旅行。那是五月中温暖的一天,一个星期六。卡蒂修女很早就把她叫醒,并用自己的旅行计划给了她一个惊喜。安德里亚很清楚地记得,在依然光秃秃的田野间有条长长的大道,那里的树木已有一抹绿色,春风轻柔地吹过她的腿和她的发间。她记得卡蒂修女的笑声和雀斑,还有她俩在小店中买的美味的杏仁冰激凌。

在下一个暖洋洋的日子里,安德里亚坐在草地上,让自己享受了一个杏仁冰激凌。她有意识地享受腿上的风,咬着杏仁巧克力。虽然她还是觉得有点内疚,但也感到了久违的快乐、独立和满足。

如果你还需要更多的灵感,也许下面的清单可以帮助你。激活我们幸福的内在小孩的活动是非常个性化的。对于一些人来说是卡雷拉轨道赛车游,对其他人来说是在湖边的一天或夜间前往游泳池。让一个人快乐的东西,有时恰恰让另一个人厌烦。也许下面清单上有适合你的东西,或者某个项目让你产生了新想法,找到了对你有效的东西。

我通过……可以诱导出幸福的孩子

- 跟着收音机里的流行歌曲大声歌唱；

- 和我的孩子们一起比赛；

- 让阳光照着我的肚子；

- 在雨中赤脚散步；

- 让我落入秋叶堆中；

- 跳上我的床；

- 和我的男朋友在厨房里跳着弗朗西斯·辛纳特拉（Francis Sinatra）[①] 的舞；

- 和我的妈妈进行枕头大战；

- 邀请我的朋友们来参加睡衣派对；

- 模仿鸟叫；

- 在羽毛球比赛中气一气我最好的朋友；

- 和我的侄女一起用一张桌子、一条毯子和大量的胶带做一辆卡车；

- 把书扔进河里。

我希望你现在至少有了一些主意来激发自己的幸福孩子再次

---

① 一位著名美国男歌手和奥斯卡奖获奖演员。——译者注

光临。即使你认为上文中没有什么适合自己的项目，这也不要紧，去尝试一些新东西。

第二步：给予空间

我希望你现在能更好地理解，幸福的内在小孩是何种感觉，以及你如何激活他。你当前的任务是，在生活中给予这些活动更多的空间。在记事本上准确地规划好具体的活动。比如，周一晚上留出空闲时间和你的好友卢卡斯一起玩一局游戏，或者周日早上和你的家人一起去小树林里跑跑步，只要你觉得有趣就好。确保期间你不会被频繁地打断。这段时间很重要，它对你有很多好处！

第三步：融入日常生活

既然你现在已经与幸福的内在小孩建立了联系，那么问题就来了：如何才能将这种状态恰当地融入日常生活。毕竟这才是他的归宿，他不应该是特殊状态，不应该像你的圣诞毛衣一样，一年只穿一次。当年那个幸福孩子的感觉，应该成为你生活中永久的一部分，每天至少用一次好心情犒劳自己！

但以下几件事你应该记住。

给自己足够的时间。在时间压力下，把你幸福的内在小孩挤在两个安排之间是行不通的。因为他需要一个轻松的氛围，而你必须给予他必要的关注，为幸福的内在小孩投入时间对任何人来说都是非常好的投资！

小步前进没有错。和任何变化一样，将这种变化融入日常生活也不是一蹴而就的。所以不要给自己施加过多压力。尤其是在你生活中快乐和无忧无虑的时刻一直都很稀少时，就更要给他们时间去慢慢成长。你幸福的内在小孩会小心翼翼地出现，并逐渐敢于在你的生活中占据越来越多的空间。

请不要建造空中城堡。无论如何请记住，你没有无限的时间可以提供给幸福的内在小孩。和大多数人一样，你的日程安排可能已经很满了。仅仅为了你的幸福孩子安排频繁且漫长的时间是不现实的，所以要务实、灵活，妥协是必须的。但即使两周去一次游泳馆，也总比不去更好。

分享的快乐就是加倍的快乐。人们在一起享用冰激凌时，即使只能吃到半盒而不是一整盒，冰激凌的味道也会变得更好。当然，如果你满足于半盒冰激凌，这对你的身材也是比较好的。所以，和喜欢的人分享好东西是有益的。除此之外，这也是一个节省时间的好方法。比如汉娜，一个单亲的职场妈妈，她根本无法允许自己为了自己幸福的内在小孩而中断工作和家务去休息一下。但她却成功让她的学生和孩子都参与其中，共同进行与她的幸福孩子有关的活动：枕头大战、魔法厨房、吹号角等。这样不

仅能节省时间，而且会更有趣——如果你和家人一起做有趣的事情，这将有利于整个家庭。

不要强求。幸福孩子的状态不会出现在压力之下。重压状态下，即使你为你幸福的内在小孩提供一座城堡，他也不会光顾。也许你被工作烦透了，也许你的孩子生病了，或者你正在经历一场艰难的分手，那现在就不是激活幸福孩子的时候。他在等待你，根据经验，在这种情况下关注成人自我会让你感觉更好。等到更合适的时候，你可以再给予幸福的内在小孩足够的时间，以此补偿他。

第五节

摆脱内在审判者

如果你有一个受伤的内在小孩，那么你的内在很可能也有一个或多个有害的内在审判者，二者喜欢以组合的形式出现。所以你需要同时处理他们。如果你想治愈自己受伤的内在小孩，那你也必须面对那些想要阻止你的内在审判者，你必须对其加以限制。不要让那些尖锐的声音一直扰乱和伤害你的内在小孩，否则他将永远无法痊愈，无法变得强大和幸福。

比如诺拉，在她受伤的内在小孩活跃时，她也会听到来自以前同学的贬低声和嘲笑声："你真笨""你好臭""你不够酷，不配和我们玩"。这些话会在她的脑海里嗡嗡作响，即使时隔多年这依然会伤害小诺拉。抵抗这种信息是相当重要的，而本节将为你提供抵抗这些信息的工具。

另外，诺拉幸福的内在小孩也在帮助她。在这种状态下，她聚集力量，让自己无视那些贬低的声音。通过快乐和轻松的时刻，诺拉知道事情完全可以是另一种样子，而且最重要的是，一切都会变得更好。

请记下来自你的内在审判者的信息。如果你感觉自己内心有两个审判者，一个是苛刻的，一个是惩罚性的，那么就对他们分别写下一些内容。要直面这些白纸黑字写下的话语当然不容易，但是观察敌人很重要，因为你越了解他，就越容易对抗他。

我的内在审判者（练习单6）

我的内在审判者发来的信息：

如何判断我的内在审判者是否正在活跃？

有哪些典型的诱因？

我有什么感受？

我有什么想法?

这些信息让我想起了自己生平中的哪个或哪些人?哪些记忆涉及其中或被触发了?

在这种状态下,我如何表现?

我的个性中还有哪些部分(如受伤的内在小孩)也与此有关?

当我的内在审判者活跃时,我有什么需求?

我的需求是否被我的行为所满足?

我的内在审判者对我的安全感有什么影响？

第一步：进行清点

这一节的第一步也是进行清点、总结现状。现在，你已经知道那些不断给你施加压力或贬低你的信息来自何处了。你知道在你的童年和青少年时期，是什么情况和什么人导致你贬低自我、感到羞愧，甚至讨厌自己。但是，在我们着手将这些过去的声音降低到可以忍受的程度，或者让它们完全消失之前，我们先来做一个大致的清点。

想做清点，也要先借助想象练习与自己的内在审判者建立联系。要小心，虽然感知这些声音很重要，但你更要照顾好自己，要尽量保持理性的反思，不要让自己沉溺在相关的感情之中。如果你闭着眼睛图像化地想象某件事，一个强大的惩罚性的内在审判者就可以迅速夺走你对情绪的指挥权，你将由此产生非常痛苦的感觉，并且可能无法靠自己再次轻易地摆脱它们。所以要好好照顾自己，循序渐进。完成每一步之后都要依据引导问自己感觉如何，是否准备好继续。如果你认为这个练习可能会唤起那些压倒性的抑郁感，一定要确保身边有个亲近的人，确保事后可以向对方倾诉。这或许会让你减轻负担，缓和、平静下来。

⊙ 惩罚性的还是苛刻的（练习 21）

让自己放松，专注于自己的呼吸。有意识地吸气、呼气，吸气、呼气……

现在开始回想，在过去的几天里，你的内在审判者是否曾发声：你有没有无缘无故地感到压力倍增？你是否感觉自己很被排斥，尽管当时情况十分正常？你是否觉得自己的行动被迫违背了自己的利益和需求？

接下来要做的是，找出到底是哪个内在审判者在起作用。对此，你需要思考当时的情况：是关于什么的情况？如果你做了原本想做的事，你会有什么感觉？你会不会觉得自己是个失败者？像个叛徒？你会不会觉得内疚或做错了？如果羞愧、自责、恐惧占据上风，更可能是惩罚性的内在审判者在起作用；如果失败和内疚感占据主导，则更可能是苛刻的内在审判者在起作用。

如果你无法确定，请继续追踪你内在的有害声音：他用什么

语气说话？这个语气听起来是否很熟悉？你知道这种说话的语气
是从哪里学来的吗？熟悉一下那些声音。在接下来的练习中，你
越能让其变得安静，乃至完全沉默，效果就越好。

内在审判者的信息从何而来

教育是一件困难的事情。大多数时候，父母都是善意的。但
父母往往也会给他们的孩子造成这样或那样的心灵创伤。金科玉
律往往会传递十分有用的信息，但也会造成很多伤害，一切都取
决于语境和阐释方式。"先工作，后享受"，可以意味着工作比快
乐重要得多，但也可以指先做不愉快的事，然后才能更好地享受
愉快的部分。同样，"你真爱把自己放在第一位"，在亲切或嬉闹
的语境中，这类话不一定伤人，可能也不会留下伤痕；但在任何
禁止表达任何需求的家庭环境中，它就有了完全不同的意义和影
响。也许其他类似的句子已经烙印在了你的心里，并在你极度脆
弱时会回响在你耳边。也许你还记得那个对你一遍遍地说这些话
的人。其中有一些句子听起来无害，并留有很大的解释空间；而
也有一些句子带有明显不合适的语气。有时，它们只由一个单一
的贬义或侮辱性的词组成，如"笨蛋""娘娘腔""邋遢的女孩"
等，父母会借这些词贬低孩子的价值。

你的下一个任务是收集你的内在审判者的信息。当一个强大的惩罚性的内在审判者正在你身体里活跃时，请记得用思维而不是用情绪处理那些问题。首先，收集所有通过过度批评和苛刻评论来攻击你的话语，然后想想是谁把它们说给你听的，它们在今时今日的哪些情况下会被你察觉，以及它们是如何被使用的。以 1 ~ 10 分的标准来衡量它们对你的生活的影响程度（如表 4-5 所示）。

表 4-5　内在审判者的信息

来自内在审判者的信息	起源	何时活跃	1 ~ 10 分的影响力
比如，"只为自己行事，是自私的"。	我的母亲总是为所有人牺牲自己（有样学样）	一旦我想犒劳自己	7

第二步：进行改变

在第二步中，我们要尝试降低内在审判者所带来的有害思维模式的影响，或者将他们完全压制住，如果你有一个强大的惩罚

性的内在审判者时尤其如此。但并非所有给我们施加压力、让我们做一开始感到不舒服的事情的声音都是有害的，其实有些声音甚至是健康的，是善意劝诫或在帮我们规定界限，我们要意识到这一点，否则容易过犹不及，将对自己有益的信息也一并清除。即使是有害的信息，也一定包含着一些可以为己所用的内容，在通常情况下，我们只需稍稍改变这些内容。

回到衣橱这一形象比喻中：有些衣服穿起来并不舒服，也不合身，但自有用处。比如，优雅但硬挺的夹克和黑色皮鞋，可以穿去面试；不好看但透气的户外夹克，很适合徒步旅行。除此之外，有些东西只需一些小改动就会更称心，可以变得更温暖，也更别致。所以是时候清理自己的衣橱了，但清理时要深思熟虑，不是所有东西都应该被扔进垃圾桶，你的收藏中可能会有很多好物件。

可以扔掉它

可以扔掉的信息包括任何贬低你的、剥夺你拥有需求和感情权利的信息。还记得长年被虐待的安德里亚吗？如今，她做任何对自己好的事都难免带有自我厌恶感。安德里亚目前得到的信息都必须全部清除，它们有剧毒，该被彻底丢弃，甚至这些丢弃物最好也由专家进行一番处理，以免造成进一步的伤害（如表 4-6 所示）。

案例分析：安德里亚

表 4-6　安德里亚的内在审判者信息

来自内在审判者的信息	起源	哪个内心部分
"你不准享用美食！"	修女	惩罚性的内在审判者
"对享受的需求是有害的，享受是邪恶的。"	修女	惩罚性的内在审判者
"你一旦犯错，就是失败者。"	修女	惩罚性的内在审判者

安德里亚所获得的信息，没有一条值得被检验其中是否存在真理或有任何实用价值。这些言论没有任何建设性作用。它们剥夺了安德里亚照顾自己、善待身心的权利。安德里亚应该计划随着时间的推移，让这些声音彻底沉寂，只有那样她最终才能过上更满意的生活。

"等一下，这非常时髦！"——你遇到过这种情况吗？你的衣柜已经满了，在和朋友一起着手清理时，你看到一件衣服就直接塞进蓝色垃圾袋里。"什么？你不想要这件了？这件很美啊！"你的朋友这时把衣服从袋子里拿出来。"嗯，颜色真好看，还是羊绒的！而且裙子的长度正适合你。"她是对的。你怎么会想把它扔掉？它可能不是你最喜欢的，但在很多场合，穿上它都会显得很惊艳。

即使在那些阻止你立即满足自己的需求，有时让你觉得恼怒和沮丧的信息中，也存在一些不会对你产生伤害的信息。而且从长远来看，它们会对你有所帮助。要区分这些帮助我们作为健康成年人行为的信息和有害的信息，并不那么容易。归根结底，这也是一个有关形式和尺度的问题。比如，自我批评固然重要，但永久的自我怀疑、自我贬低甚至自我憎恨都是极其有害的。同样的道理也适用于自律。没有自律，我们将永远无法实现自己的目标，而过大的成就压力往往会把我们逼到极限，让我们忽视生活中其他重要的领域。

这种信息的原始形式很棘手，但小幅的调整可以使我们从中受益。例如，"工作第一，享乐第二"或许可以变成，"重要的是找到工作和享乐之间的平衡。努力是很好的，因为只有这样，人才能达成目标。但也要注意不过多地忽视其他方面"。这个信息其实也有一点有害性，但更符合我们自身的需求，也更能满足生活关系的复杂程度。

案例分析：乔纳斯

乔纳斯与安德里亚截然不同：他在非常爱他的父母的陪伴下长大，然而父母也给了他过大的压力（如表4-7所示）。

表 4-7　乔纳斯的内在审判者信息

来自内在审判者的信息	起源	哪个内心部分
"工作第一,享乐第二。"	父亲	苛刻的内在审判者
"你既聪明又可爱。"	父母	成人自我

和安德里亚不同,乔纳斯并没有必须直接被清理的东西。他的信息可以被利用起来。只要他脚踏实地,不高傲自大,父母的表扬会给他自信,增强他的成人自我。而那句话很容易被解读成这样:"工作很重要,你获得成功当然很好,但必须有平衡,工作不是生活的一切。"这样一来,这些信息不仅变得无害,甚至还能有所帮助。

第三步:学会反对

这条修改后的信息会对乔纳斯有所帮助。从长远来看,它有望取代一直给他带来巨大压力的那条信息。如果我们要对抗内心有害的声音,制定这种具有替代性的生活规则是必不可少的。

⊙ **新的生活规则**（练习 22）

> 　　我们可以尝试改变有害的信息，让它们对我们有利；也可以反驳这种信息，制订具有替代性的生活规则。安德里亚可能会这样表达自己的生活规则："对自己好一点，关注自己的感受和需求，这很重要。"你也试试吧！写下你认为非常重要的、美好的，且自己愿意遵守的规则清单。

核实真相

　　内在审判者的信息是响亮而有力的，但喊得最响的人并不一定最有理。想想看，这些信息从来没有被驳斥过吗？有人直接反驳这些苛求和贬低的声音吗？或者是否有亲近的人向你表明，这些信息只在一定条件下才有道理？你能想到哪些观点能够驳斥这些让你受到压力、感到羞辱的声音？通过前文提到的练习，你已经收集了来自自己内在审判者的有害信息，接下来，请用下面的问题清单逐一检查其真实性。

　　对来自内在审判者的信息追根究底

- 这条信息的正反面分别是什么？

- 到底有什么证据能证明这条信息的真实性？

- 这条信息对实现你的职责和需求有多大帮助？

- 你视为榜样的那些人，在多大程度上遵循这一信息？

- 你有哪些与这条信息相矛盾的经历？

- 在这种情况下，你最好的朋友会建议你怎么做？

你是否成功地对内在审判者发出的信息进行了追问？这并不容易。它们已经和我们在一起太久了。但只要你勇于追问，也会对你产生很大的影响。这些追问会在你的内在成长、壮大，所以你最好经常问自己这些问题。如果某个负面声音出现了，请从现在就开始用这个问题清单来应对。随着时间的推移，你的反证会越来越清晰。坚持下去，一定不能放弃。

表 4-8 可以给你创造一个空间，让你坚持自己对内在审判者的消极评论的怀疑态度及反对意见。有时，寻找事实和论据来质疑这些信息是相当困难的，你很可能难以怀疑它们。不过这也难怪，这些信息如此长久地影响、决定了你看待自己和世界的方式。因此，你可以和一个值得信赖的人一起对你内在审判者的信息做以下检查，这可能会对你有所帮助。

表 4-8　苛刻的或惩罚性的内在审判者的信息

苛刻的或惩罚性的内在审判者的信息	我的生活中不同阶段的经历证明了，内在审判者是错的
"如果你不关心别人，你就是个坏人！"	帮助他人对我来说是重要的，但为了有能力实现这一点，我有必要先关心自己。

　　具有强大的苛刻的或惩罚性的内在审判者的人，很难满足自己设定的标准，也几乎很难欣赏自己身上的任何品质。对每个人来说，尤其是对他们来说，外部的积极反馈意见至关重要。每个人都需要有被喜欢、被欣赏的感受，那会让我们对自己感觉良好。即使我们很想不依赖于他人的判断来审视自己，但绝大部分人是做不到的。

　　遗憾的是，那些极度需要被认可、被赞美的人，恰恰很难感知和接收这些认可、赞美的信息。自我价值感匮乏的人，对自己和自己的能力有着强烈的自我怀疑。当别人对他们表示肯定时，他们特别难以察觉，而往往倾向于忽略或迅速反驳正面信息，并且会投入很多时间来研究批评性反馈和失败的情况。这样做没什么好处，并且绝对不该任由其发展，他们应该发现自己的善良和特殊能力——其实他们所处的环境早已在这么做了。

所以在接下来的"积极日记"练习中，你的环境也是你可以利用的资源。在这里，你应该注意自己内心中的真实情况，并通过你目前每天已经收到、但也许并没有真正注意到的反馈，来达到这一目的。这个练习会训练你更加注意赞美、表扬和认可。

⊙ **积极日记**（练习 23）

　　想完成这个练习，你首先需要一本漂亮的日记本。选择一本让自己赏心悦目的册子，这种准备工作最起码表明了你对自己的尊重。

　　先想一想，哪些来自过去的赞美对你是有意义的，把脑海中最重要的经历写下来。接下来，每天晚上抽些时间来回顾这一天，写下至少三个积极的反馈或经历。请在你那漂亮的册子上，真实记录自己受到的每一次表扬、每一次赞赏、每一次关注。像"莫娜对我微笑""我的报告被返还回来，并且其中没有被找到任何错误"或者"索尼娅向我请教"等，这些都是尊重和赞赏的信号。

不要忽略这种"小事"。你会惊讶于自己一天内竟收获了这么多赞美。随着时间的推移，你会强化自己对积极反馈情况的感知。

虽然你现在确实感知到了赞美，但如果你事后反驳它或不能接受它，那么对你来说，现在的感知其实帮助不大，许多人甚至是大多数人都很难接受恭维。有人对我们说好话时，我们当然会很高兴，但同时我们常常也会感到尴尬和不自在。接下来的练习旨在告诉你，你在接受表扬时，应该如何表现，以及被表扬的感觉有多好。

⊙ 接受表扬（练习 24）

舒适地坐着、放松，注意呼吸，闭上眼睛。当你完全放松时，把自己放回不久前收到赞美、表扬或其他某种形式的积极反馈的情境中。现在最难的部分来了：想象一下，你微笑着说"谢谢"，接受赞美或表扬，没有脸红，没有拒绝的姿态。你现在感觉如何？如果你会有强烈的紧张感，现在请再想象一下，一个好朋友进入场景之中，只有你能看到这个人，别人都看不见他。他走向你，把手放在你的肩膀上说："你可以做到这一点"，或者"这个赞誉是你应得的"。感受一下肩膀上的那只手是如何带给你力量的，体会他的赞美，并为此感到高兴。如果准备好了，你就可以睁开眼睛，完成练习。

在你找到替代品之前，扔掉沉重的旧冬靴并不是一个好主意，那样你最后可能不得不穿着运动鞋在雪地里行走，你的脚又冷又湿。负面信息也是如此，关键是要快速找到积极的替代品。

很可能你现在正在思考：不过，我不想欺骗自我，虽然这是一种自然的想法。记住，负面信息也可以"欺骗你"，把你描述为一个根本不是你的人。此外，当人们对现实的感知略带一点积极的变化时，人们通常会更加快乐。科学研究表明，与抑郁症患者相比，健康的人在看待所有事物时，几乎都会比其实际更美好一点。因此，尽可能积极地看待事物是科学、健康的，你需要也应该允许自己这么做！

⊙ **积极信息的清单**（练习 25）

所以，你现在的任务是找到可以替代负面信息的积极信息。这些信息应该让你在困境中感觉更好。思想决定感受。如果你进

入某个场景，心里想的是，我什么都不会、什么都不懂，那你很可能会觉得自己是无能、软弱的。相反，如果你昂首挺胸进入一个场景，想着自己很有能力，自己的意见很重要，那你则会感觉非常自信，真实表现自然也会更加自信。

积极、有益想法的例子

- 我的意见很重要，我也很重要！
- 每个人都有缺点，每个人也都有价值！
- 自我怀疑并不是软弱的表现，而是一个强大的优点！
- 我已经完成了很多事情，我不需要隐藏什么或为自己辩解！
- 我有权利根据自己的需要来塑造自己的生活！
- 别人的意见不能决定我是谁，我是什么样的人！

从你得到的积极信息中挑选出一条或多条鼓励个人的短语，并在你的日常生活中给它们安排一个永久不变的固定位置。比如，你可以把这样的句子写在小卡片上，然后放在钱包里；也可以把它们拍成照片，作为手机背景。这样你就能一直带着并时常看到它！

"我可以另眼看待自己！"

我们每个人都有自己不欣赏的品质，都有自己感到羞愧的东西，都有自己觉得丑陋和自卑的地方。你要知道，这个评估是很主观的。丑与美、愚笨与聪明、好与坏，都不是客观的。一个人喜欢的东西，另一个人会觉得很糟糕；一个人不爱吃的东西，另一个人却百吃不厌。

同样的原则也适用于你自己：你总是试图垫起的窄肩，而你的伴侣可能觉得它柔软而优雅；你羞于启齿的敏感，在你的女友看来可能展现了你细腻且善解人意的特质。

我们可以练习这种替代性的解释方式。它们可以帮助我们发现自己的盲点，并接受自己的现状。试一试，积极诠释表 4-9 中所列示的品质。

表 4-9　换个角度看自己

我……	另眼看待自己后，我……
一直这么胆小	非常谨慎
像一个胆小鬼	警觉且周详地考虑到危险
面对批评过度敏感	对社交信号很机敏
很拘谨	可以很好地克制自己
总是这样苦思冥想	可以周全思考
感到犹豫不决	不做不慎重的决定
像一个小丑	

（续）

我……	另眼看待自己后，我……
很害羞	

大多数人不仅抱怨自己的性格，也为自己的外在缺陷所困扰。几乎没有人能够完全对自己的外表感到满意，觉得自己不是太高就是太矮，不是太胖就是太瘦……有些人还对自己的身体感到羞耻，他们不喜欢在他人面前裸露身体，以至于他们拒绝蒸桑拿或在湖边戏水等乐趣。

在此介绍一种可以帮助你从不同的角度来看待自己身体的练习，叫作镜像练习，该练习旨在帮助你用柔和公平的眼光对待自己的外表。

⊙ **镜像练习**（练习 26）

站在镜子前，你可以看到自己完整的身体。闭上眼睛，做几次深呼吸，注意你的气息，感受空气如何流入和流出你的身体。

对镜子里的你采取一种善意、友好和关切的态度。如果这对你来说很困难，你可以试着从另一个人的角度出发，假设镜子里的人是你的孩子或亲密的朋友，是你非常喜欢、非常关心并且希望对其送上衷心祝福的某个人。

闭上你的眼睛。此时你心中产生了什么感觉？你对镜子中的自己感到亲切还是厌恶，骄傲还是羞愧，关心还是亲近？你在想什么？请试着不要对你的想法进行评价。赞美镜子中的你，你一定能对其表达一些赞美，比如关于你美丽的头发、柔软的关节、精致的鼻子……在脑海中形成一些想法，感受自己的内心：当你有这些善念时，你的身体有什么感觉？你有什么情绪？

现在想象一下，你一会儿睁开眼睛看到镜子里自己的形象，这会是怎样的情景？你的脑海里有什么想法？如果出现一个消极的想法，就找一个积极的想法来应对。公平地对待自己的优点与缺点。

现在睁开你的眼睛。你现在看到的镜像引发了什么？你是否能用积极的信息取代消极的信息？试着保持一种好奇、接纳、善意的观察者态度。你能短暂说出"是的，我就是这样，这就是我"吗？你能暂时接受自己的状态吗？你根本不需要为此解释或申辩些什么。接受自己，就像接受你爱的人一样。

再闭上眼睛，体会这些感受和想法。现在你可以再次睁开眼睛，完成练习。

你的情况如何？你觉得能接受自己吗？也许你只是在很短暂的一瞬间中接受了自己，但这已经很美好了。因为你可以在此基础上发展。你刚刚迈出了意义重大的一小步。重要的是，你要把这种经验一点一滴地嵌入你的日常生活。每天早上，你都可以简单地做出自己曾在镜像练习里摆出的姿势，或者通过涂抹乳霜或沐浴露来爱护自己的身体。

第四步：减少有害信息

根据前面提到的练习，写下你的来自童年的信息。对信息进行分级，确定每条信息对你有多大影响。你现在可以根据这些信息，决定要减少哪些信息对你生活的影响。这一次也不要有过多期待。你在处理的是一项困难的、费力的、漫长的任务，目的是削弱从小到大一直伴随你的声音的影响。

一块奖牌，鼓励我们在下一次比赛之前更努力地训练；一张朋友的照片，让我们想与友人加强联系；一个笑脸，提醒我们要友善地对待他人。

那些我们想用来拒绝内心某种声音的小物件，正好也有同样的功效。通常来说，这可以是任何东西：一朵花、一个玩偶、一块石头、一个贝壳、一个示意停止前进的路标……我们最好能在符号和期望的行为之间建立明确的联系。比如，办公桌上的一个小小的示意停止前进的路标，就可以提醒我们设定界限，不要总是对什么都说好。

⊙ **我给自己的信2**（练习 27）

> 给自己写明信片或信，自然会感觉怪怪的。这个练习的作用是，从你已经发生改变的角度出发，再次重申你对计划中改变步骤的权利。另外，这其实并不稀奇。早在 20 世纪 50 年代，弗兰克·辛纳特拉就唱道："我要马上坐下来，给自己写一封信。"
>
> 因为意中人显然懒于提笔，辛纳特拉就坐下来给自己写信，将充满爱意的文字送给自己。因为他假装这些文字出自爱人之手，所以那些话语听起来更加甜蜜。他显然知道，有时人必须为自己做些好事。哪怕看穿了这种策略的虚幻本质，它仍然能发挥作用。
>
> 那就尽管去试试吧！"迷惑"一下自我，这不会造成任何伤害。
>
> 或许你根本想不出有什么可写的。首先，遵循"辛纳特拉原则"非常重要。给自己写下爱的话语，并假定这些话语来自你亲近的人。为了让你更清楚地想象这样一封写给自己的信的样子，将安德里亚写给自己的明信片之一呈现如下。

亲爱的安德里亚：

　　你并非乏善可陈，你的需求也不是随便的事。而且，你能更好地照顾自己，甚至是精致地生活，这很重要。拉斯、古纳尔和德克都是这么说的。我们都爱你，愿你一切顺利！

⊙ 我给引发内在审判者之人的信（练习 28）

　　如果你当下因为给自己施加过大压力或根本不给自己压力而痛苦，因贬低自己甚至讨厌自己而痛苦，那么很可能你童年时期和青年时期的某个人或多个人，至少要对此承担一部分责任。作为一个孩子，有人完全无视你的需求，对你不屑一顾，你理所应当为此生气。表达这种愤怒对你有疗愈效果，也有益于健康。而通过一封信来表达，则是相当好的方法。

　　在你开始写信之前，请问问自己以下关于信件内容的问题。

- 那个人传递给我的信息在我的生活中引发了什么后果？这和什么相关？

- 我为什么要把这些信息和自己剥离？我想达到什么目标？

- 为什么那个人对我个人的评价是错误的？

- 我已经取得了哪些值得骄傲的成就？我不会允许内在审判者的声音让这些成就失去价值！

- 我到底需要那个人做什么？

- 我明确表示，自己不会再被那个人的意见和信息所左右！
  （举例来说，"我不会再允许你阻止我坚持自己的意见、维护自己的权利、获得安全感、享受自己的生活"。）

  写完信后，请你大声读出来。我知道这有些古怪，但如果克服了自己的心理障碍你会发现，大声读出这些内容的效果比只是轻声读出来更强大。

　　如果你在信和明信片中加入朋友们的评语或祝福，由此来确认你对自己产生与满足需求和感受的权利，并总体上觉得自己是一个美好而可爱的人，那么这样的信和明信片就会对你产生特别强大的助益。你可能会想到，有人会反驳来自你内在审判者的负面陈述和破坏性陈述。这时这类方法可以很好地帮助你，比如，把你最喜欢的照片保存到你的电脑桌面上，这将帮助你把这种支持融入日常生活。当你在办公室再次陷入棘手的情况时，看一眼照片上的笑脸，你就会觉得已经将自己全副武装，准备对抗内在审判者的声音了。

　　但是如果一个人内心有强大的惩罚性的内在审判者时，这类

练习可能会不起作用。内在审判者的声音甚至可能禁止你完成练习或在一旁取笑你，然后你可能感到内疚，或觉得惩罚性的内在审判者越来越强大。在这种情况下，他人的支持就显得格外重要。如果你不能说服自己，就必须由他人来帮你。当然，在极度艰难的阶段，还是需要治疗师的帮助。寻找你能获得的所有支持，这样会对你大有好处！

此外，这种支持并不一定来自真实世界的某个人，一个想象中的朋友往往也可以。很多人都会自发地这样做：当他们需要澄清某事时，他们会与"内在帮手"讨论情况和自己的感受。当你的惩罚性的内在审判者活跃时，你也可以这么做。让想象中的支持者加入进来。

⊙ 与想象中的朋友对话（练习 29）

童年有害信息的存在感可能过于强大。所以你要考虑一下，你是否认识这样的一些人，他们有反驳这些信息的经验，对你也有很不一样的看法。他们或许是伴侣、朋友、老师？不管是谁，都要把那个人当作内在帮手。现在想一想，在当前的某个情形中，你的内在审判者又一次夺取了对你的思想、感情和行动的控制权：

也许你在贬低自己，因为你的行为在自己眼中笨拙而尴尬；或者你仅仅因为一场争吵而责怪自己，虽然其实对方同样对此负有责任；或者你因为这个星期没有去健身房、仅仅胖了几斤而开始讨厌自己。

当你发现这样的情况时，告诉你的内在帮手。让其倾听所有的事，然后做出回应。耐心一些，让他静静地说完。他都说了些什么？检验他的回答是否表明他尊重你的需求和感受，并用善意对待你。

如果不是这样，表明惩罚性的内在审判者已经介入，这样的练习对你来说也就失效了。在这种情况下，你应该咨询心理治疗师。

若你注意到，你的内在帮手的话语对你有好处，那么你可以更进一步进行下面的想象练习。

⊙内在帮手（练习30）

放松，闭上眼睛。请思考：上次你的内在审判者是在哪种情况下发声的，用了哪些信息来折磨你？这引起了你怎样的感受、

想法和行为？把自己小心翼翼地放到当时的情形中去——切记要带上内在帮手！内在帮手说了什么、做了什么？你现在感觉如何？他是否同时帮你找到了你真正需要的东西？

你做了这些或之前的那些练习吗？你现在感觉如何？请不要期待奇迹，改变自己内心的声音是一个漫长而让人疲惫的过程。但这是可以通过练习去改善的，也是值得的。你会发现，随着时间的推移，自己感到更加放松和自由。来自童年的这件紧身衣不再那么紧紧地套着你，而是渐渐地松开，变得宽大，最后你可以完全摆脱它。这样你就可以更好地满足自己的需求。

不幸的是，这个过程并不独立在你现在的生活之外。当危机和冲突、压力和损失出现时，你没有过多力量去面对自己的内在审判者是很正常的，但这只是暂时的挫折，无论如何你都不应该为此气馁。请继续反抗那些没有注意到你是多么美好和可爱的、怀有恶意的声音。

第六节

检验自己的行为

在我们的衣柜里，总有一些我们只是因为自我羞愧才买下的东西，为了掩盖自己的个人问题或是为了讨好别人。希望目前你已经清楚了，其实我们的很多问题根本不是问题。无论太高或太矮，无论太瘦或太胖，无论美或丑，都是主观的。美需要被观察者的眼睛所发现。糟糕的是，我们在观察自己时，用的却不是自己的眼睛，很多人都通过别人毫无善意的眼光看待自己的身体和自我。所以问题不在于我们，而在于我们自己内化了他人在我们儿时投射来的贬低的目光。

第一步：认识有害行为

注意自己的行为。你对哪些行为方式了如指掌？思考它们会什么时候出现，如何影响你的感觉、思想、行动？你知道自己在这些时刻到底需要什么吗？事后的感觉如何？

这些感受相当重要。不同于内在小孩和内在审判者，应对策

略只要起效，那么它们往往在事后也有作用，它们通常是中性的，甚至还常让人感觉良好。因此，我们认为自己的行为是很正常的，且很难认识到自我欺骗正在从中作梗。

认识到这点的最好方法就是询问，外人通常对此看得更清晰。问问你认识了很久的人、你熟悉和信任的人或对你有好感的人。这些人都可以是你的治疗师。他们可能是你从完全不同的环境（家庭、俱乐部、职业）中认识的不同的人，注意他们是否会对你说同样的话。一方面，如果真是如此，那就可能事出有因。比如，如果别人一再说你推卸困难的任务，让他人承担重任，那么你一定要检视自己是否倾向于逃避。另一方面，如果你只能忍受侵犯性和羞辱性的话语及待遇却似乎无法说不，他人对此也经常表示不解，那么你心中顺从的应对策略可能正在活跃。如果有几个人因为你的自私和傲慢被惹恼，那么过度补偿很可能是你表现的一部分。

确定我的应对方式

明确当你感到虚弱或被逼无奈时，你会采取何种的应对方式。下面的案例分析和其后的问题会对你有所帮助。如果你觉得一个人很难进行下去，可以和好朋友一起来解决这些问题。

案例分析：顺从

还记得纳丁吗？那个有着强大顺从模式的女子，她总是爱上对她发号施令甚至动粗的男性。通过一个朋友，纳丁第一次意识到了这种行为模式。当她又一次鼻青脸肿地出现时，朋友问她："为什么你总是选择这样的人？还有你为什么要忍受这么多？"纳丁第一次思考，她的关系是否真的让自己快乐。她和朋友一起把自己喜欢的和不喜欢的东西列成清单。在这个过程中，她意识到在这段关系中，她既没有安全感，也没有被爱的感觉；既没有享受在一起的亲密，也没有享受性爱的乐趣。其实，她渴望的是一种完全不同的关系。她隐约感到，自己选择的男人都和父亲相似：嗜酒如命、有暴力倾向，而从母亲那里，她吸取了顺从的行为模式。

案例分析：回避

和纳丁一样，莱奥妮也有一个酗酒和有暴力倾向的父亲。与纳丁不同的是，她通过逃避应对困境。也正因如此，她现在极易受到惊吓，易感到受威胁和被排斥。然而，莱奥妮并没有屈服于糟糕的境遇，而是试图避开他人。她尽可能地减少社交，此外还试图借助酒精来麻痹负面情绪。她经常喝酒，特别是在工作时。莱奥妮怀疑自己就像父亲一样，已经产生酒精成瘾方面的问题，她意识到自己必须做出改变。

案例分析：过度补偿

你已经认识了马克：那个被忽视的、父母离了婚的孩子，他从来没有得到足够的爱和尊重。这种无爱的童年会延续一生，真是场悲剧。童年造成的创伤让马克已经形成了过度吹嘘和几乎无法与他人共情的行为模式。马克眼中总是只有自己，而他这样却常常过得很好：他不仅在大多数时候认为自己比别人更聪明、更厉害，而且在职业和私生活方面也非常成功，以至于他很少与自我认知产生冲突。五十岁生日时，马克想办一个大型聚会以庆祝自己刚刚得到晋升。他非常期待这次聚会，想借机告诉大家，为什么他能在激烈的竞争中脱颖而出。于是，他考虑该邀请谁：他和哥哥闹翻了，父母对他从来都没有兴趣，他的两次婚姻都失败了，他的朋友们不是一直没有联系，就是已经离开了他的生活。一切怎么会变成这样？他记得一位前女友说："马克，如果你不能让别人有说话的机会，最终他们就不愿意来了。"当时，他曾对她大加指责，而现在他反问自己，这句话是不是有些道理。他记起有时他觉得自己像一只愚蠢的公鸡，很不真实。他知道，自己曾经历多次有着巨大的孤独感的被抛弃的时刻。傲慢和自大是他应对这些负面情绪的方式吗？还有，这种应对方式要对他无法实现的家庭梦想而负责吗？

我的应对方式（练习单 7）

我的朋友和熟人说了什么？

来自不同生活领域的人（伴侣关系、友谊、俱乐部、职场、家庭）都注意到我相似的行为方式了吗？

我对职业和人际关系间的压力与烦恼有何反应？

我的朋友和同事们如何评价我的应对风格？

这份练习单对你有帮助吗？如果没有，也许下面的想象练习可以让情况更清晰。回避和顺从通常比较容易识别，因为这些应对方式通常会让人觉得自己在情绪上没有很好地应对各种情况。过度补偿则完全不同，在这一过程中，人往往会感觉非常好。正因为没有痛苦，所以人很难在自己身上确认这种应对方式。

⊙ 我的应对方式的起源（练习 31）

放松些，注意你的呼吸，慢慢吸气、呼气。现在闭上你的眼睛，将自己放入一种你容易使用应对策略的情况之中，并且这些情况通常会令你感到不舒服和不安全。同时，你的内在审判者也在发表意见，威胁着向你施压、伤害你。

尽可能强烈地感受这种情况。问问自己：我在做什么？我在说什么？我的声音听起来如何？我有什么感受？我的身体感觉如何？也许你对自己现在真正想做的事或说的话以及现在的需求也有些想法。

现在去建立一座"情感桥"。也许你还记得，这时应该通过情感建立过去与现在之间的联系。想想当前你的应对方式被激活时的情况，并体会自己当时的感受和印象。然后将当前的情况从你的脑海中抹去，保留自己的感受，慢慢追溯，回到自己的童年和青春期。不要强求什么，耐心地等待画面和记忆出现。你会体验哪些情况？你会遇到什么人？你的哪些感受会被触发？

现在结束想象练习，再次将精力集中到呼吸上。你感受到自己的身体了吗？你的脚踩在地板上，双手叠在一起……睁开眼睛想一想，为什么这两种情况会引发自己类似的感受。它们有什么共同点？它们之间会有什么联系呢？还有什么问题未被解答？

第二步：区分优点和缺点

童年养成的应对方式并不总是有害的。在一定程度上，它们能帮助我们安然度过日常生活。我们经常会陷入一些不合时宜的情况，例如与外界发生冲突并被负面情绪影响，或者觉得自己很渺小、无助。有时候，如果事情无关紧要，而一个暴躁易怒的同事又不会妥协，和他爆发争论是没有用的，那么我们也没必要为每一次的不公正、挑衅和他人的干涉而采取行动。有时候，隐忍不发就是最好的策略。在某些情况下，比如求职面试、第一次约会时，或者任何我们想要争取利益的时候，稍加变化的正向自我形象能够有效地帮助我们。我们不一定要永远真实。这些功能性的应对行为与有害的应对行为不同，它们能帮助我们实现目标，而有害的应对模式则使我们无法满足自己的基本需求。

例如，莱奥妮的回避模式让她有了酗酒的毛病。马克对自己童年未被满足的关注欲望进行了过度补偿，这在人际交往中的表现为，占用了大量的发言时间。其好处是，他在这些时刻会得到很多关注，但同时也有一个坏处，就是其他人会觉得被冷落、被挤到了角落。还有他的炫耀和傲慢，这些举止让他觉得自己特别聪明，能控制局面，但缺点是贬低了别人。因此，马克的应对方式通常只在短期内有效，在它活跃的时刻，马克确实不再孤独和无助。然而从长远来看，他的幼稚行为会导致别人疏远他，反而

令他变得更加孤独。

所以，如同上文针对被宠坏的内在小孩的练习一样，你首先要确定自己的应对方式是优点更多还是缺点更多。思考长期和短期的不利因素孰重孰轻？有时结果相当平均。人可以在很多情况下使用它们。这大概就是应对方式和惩罚性的内在审判者之间的区别。因此，完全抛弃这种应对方式也是错误的。所以很多时候，你应该仔细观察并作决定，清楚自己在哪些情况下和哪些方面的应对能力特别强，这对自身有伤害还是有好处？

第三步：改变计划

如果你已经决定限制自己的应对行为，那么现在它就变得具体了。思考以下问题，你到底想在哪种情况下减少使用自己的应对方式？你想在哪里更直接地表达自己的感受和需求？对大多数人来说，特别是在私人的人际关系领域，应对方式的负面影响最大。马克就是这样一个例子。他在职业上的成功可能得益于他的应对策略：他身上散发着强大的自信，从而让客户和员工对其产生信任感，这保证了他的业绩。在他的私人生活中则恰恰相反，他应该努力限制他的炫耀和傲慢，因为它们赶跑了那些对他来说重要的人，并让他长期陷入被孤立的状态。

如果你想限制自己的应对行为，就意味着，你希望未来能够在人际关系中更直接地表达自己的感受和需求，并有机会满足它们。你想变得更真实，而不是在遇到困难时自动变形。所以，最好的办法是寻求成人自我的帮助。人在自处时，使用应对策略的风险会变小。而当你处于成人自我的状态下，你很可能也处于自处的状态，并且通常能控制自己的行动。

你现在的目标是，在你的应对方式起效时，激活你的成人自我。你还记得哪些活动和情况会激活你身上的成人自我吗？也许和孩子或动物在一起会对你有帮助，也许是音乐，也许是你的家庭或某个爱好。你最终在哪里找到安全感并不重要，唯一重要的是，你有让你感到安全的地方，并且你逐渐成功地将这种感觉扩展到其他情况之中。下面的想象练习将帮助你实现这一点。

⊙ 成人自我的帮助（练习 32）

闭上眼睛，感受自己的呼吸。有意识地吸气、呼气，直到你完全放松下来。

现在把自己放在一个可以带来安全感的情境中，激活你内心的成人自我：想象一下在合唱团唱歌，和你的狗一起玩耍，或者和你的孩子去郊游，等等。试着仔细、深度地体会安全感和联结

感，将这种放松和安全的状态尽可能牢牢地锁定在自己的心中。

现在，抹去这个带来安全感的场景，但不放弃因此产生的感受，并牢牢抓住它。

接着，慢慢进入第二种困难的情况。在这种情况下，你经常因为感到不安全和脆弱而采取的应对措施是，工作上产生压力或与伴侣发生冲突。现在带上积极的感受，或许可以再带上一位参与练习会给你带来安全感的人。接着思考如下问题。

在这种情况下，你的感情会发生变化吗？你的行为是否会改变？你这次能不能表现得不一样，不使用应对策略？什么能帮助你更好地维持好情绪？

第四步：减少有害行为

你是否有高度顺从的行为？你是否觉得自己经常回避问题或表现得很不真实，一直在做你其实并不想做的事？

承认这一点就是一种进步，你完全可以因此为自己感到骄傲。现在你的工作可能并不轻松，所以请不要对自己太过苛刻。即使迈出一小步，你也是离目标更近了。不要因为挫折和后退而气馁，那很正常，虽然不幸，但那是整个过程的一部分。重要的是不要放弃，无论如何都要坚持下去，从小事做起慢慢提升自己。第一次的成功体验会持续激励你。

要想让计划成功，你必须要有一个具体的、可以分阶段且切实可行的目标。并且你需要一个新行为来替代自己之前的行为：你想说什么，想做什么？你想用什么样的语气，想表达什么样的感情和需求？戒掉强迫性的行为模式是好事，但只有当你考虑过应该用什么新原则来代替之前指导你的行为的原则时，这样做才能奏效。有了良好的准备和具体的计划，你一定会一步步地接近自己的愿望，并在未来的困境中做出不同的表现。

减少顺从行为

你不想再一直顺从了？这很了不起。但你打算怎么做呢？从现在开始卷入每一次冲突中吗？这不可能是解决的办法。安静地坐下来，想一想自己在生活中的位置，想一想自己未来要如何表现。为你的未来创造一个积极的愿景。问问自己：什么对我来说是重要的？我想达到什么目标？从现在开始，我一定要做什么不一样的事情？

举个例子，纳丁希望未来能有一段充满尊重和爱的关系，这是一个很好的长期目标。然而，这意味着在短期内，她必须与粗暴的伴侣分开，然后找到一个安全的地方。这样她才可以开始挑出非常具体的、平时倾向于顺从的情况，并着手改变自己的行

为。同时，她应该很细致地采取行动：希望自己用什么样的声音，希望采取怎样的身体姿态，想说什么，怎样说，想做什么？有什么方法可以帮助自己将这些付诸实践？幸运的是，纳丁是一个比较极端的案例，在大多数情况下，几乎不需要改变太多就能有效地减少顺从行为。

如果人已经在想象中尝试过，那么他往往更容易改变自己在现实中的行为。每当你打算采取某种新的行为时，都可以做以下的想象练习。

⊙ 想象中的行为训练 1（练习 33）

放松自己，专注于呼吸，闭上眼睛。现在想象一下自己平时会展现顺从状态的情况：与伴侣、同事、老板发生冲突时，或者你在平时承担额外任务时，等等。现在再思考面对这些情况自己到底想怎么做，把一切都计划得非常精确和具体。接下来进入自己心中的情境，并按计划行事。也许你的罪恶感会出现，这种情况很可能是因为你的苛刻的或惩罚性的内在审判者正活跃着。这时用你已经预先准备好的正面信息发起反击，应该能让那个有害的声音安静下来。

你一旦做了这个思维训练，回到真实的世界就会更加顺利。首先试着把你的设想放入简单的情境中，你在其中总是相对感到安全。如果不能马上发挥作用也很正常，否则打破一个长久以来已经固化的行为模式就太容易了。慢慢来，对自己宽容一点。哪怕只是向前一小步，也是非常好的开始。继续前进，试着在越来越多的情况下一点点实现自己的目标。记住，要奖励自己的每一次进步！

纳丁目前住在妇女庇护所。她已经和前任断绝了一切联系，目前正努力为自己打造新的生活。她从事兼职工作并寻求治疗帮助。这些已经是很大的变化了！现在纳丁想改变自己的思维方式和行为模式。她意识到，自己一次次和同一类型的怪异男性在一起并非巧合。她和社工一起想好了第一小步：她想心平气和地要求一个总是对她不友好的同事多尊重她。她起初在脑海中演练场景，想象一切细节。之后，她与社工约定，等她真正战胜了自己的情绪后，就一起去喝咖啡。

第二天，纳丁兴奋地等待着她的同事。不出意外，今天他依然不友好。她等了几分钟，整理好自己的心情，然后走向他，请求和他进行简短的谈话。"好啊，又有什么事？"同事问道。"从来没有过什么事啊！"她这样想。但她尽量保持冷静、客观。"我

想和您谈谈，因为我觉得您对我不尊重，而且无缘无故地不礼
貌。这样在这里可对谁都没好处。"同事完全被惊呆了，他没想
到纳丁会这么做。后来，他确实更加尊重她了。而纳丁也为自己
感到骄傲，她发现自己能做到！她一整天都觉得自己更加自信且
轻松了。当她和社工去喝咖啡时，她真的很高兴。

减少回避行为

纳丁的所作所为需要克服很多、需要很大的勇气。她有意识
地超越自己的极限，敢于挑战自己不擅长的事。事后她感觉非常
好。整件事当然也可能会失败，同事可能会大发雷霆或有别的反
应……但事实上，这样的事情很少发生。多数时候，勇气是会得
到回报的。通常这不仅可以让你认识到自己的潜力，培养更多的
自信，还会让你很快得到周围人更多的尊重和体谅。这就形成了
一个正向强化的良性循环。

可惜，当你减少回避行为时，情况就有所不同了。一般情况
下，这种感觉先是令人不适的。这也因为在短期内，回避自有它
的好处：不需要处理负面情绪，不需要进行耗力的活动，也不必
研究当前不愉快的情况。回避行为的诸多弊端只有通过长期实践
才会显现。

减少回避行为，首先意味着压力不会给自己带来太多积极的
体验。但随着时间的推移，积极的体验就会呈现出来。所以你需

要耐心、连贯性和意志力。相信自己，不用担心，你能做到！

如果你进一步让自己意识到自己的回避行为的负面影响，也许会对你有所激励。你可以把它们写下来，挂在每天经过的地方，比如冰箱门上。如果你已经因为回避而多次陷入困境，那这么做至少有一个好处，就是维持你的动力。

同样，计划要非常具体，最重要的是要细化步骤。如果你有很强烈的回避倾向，那么只在一夜之间停止饮酒、玩电脑游戏、追剧，以及直面你害怕的公开冲突和情境，都是毫无意义的。现实的做法是，例如从下周开始养成收到账单后立即打开并阅读的习惯，或者不回避下一次的谈话，而是试着去交流。

别忘了，承认自己会逃避问题这个事实是相当重要的一步。请不要太过苛求自己，要为自己感到骄傲！如果你又一次战胜了自己，你就应为此奖励自己。否则，你很快会感到沮丧，中断这个积极过程的风险就会增加。你不应该因为挫折而气馁——如果你不经历任何挫折就达到目标，那简直是一个奇迹。唯一重要的是坚持下去，你会循序渐进地达到自己的目标。

与减少顺从一样，为你目前的行为制定非常具体的替代方案在这里同样适用。想一想，你想怎样表达这一替代方案，又有怎样的态度和表现，还有你希望以此具体达到什么目的。要让自己彻底明白，为什么要在未来停止某些行为模式，以及你将从中得到什么好处。心平气和地坐下来，思考自己想在生活中得到什

么，以及如何做出相应的表现，为自己的未来创造一个积极的愿景。什么对你很重要？你想达到什么目标？从现在开始，你无论如何都想做些什么不一样的事情？

先在想象中试试改变你的行为。进行和减少顺从行为时相同的想象练习也会对此有所帮助。然后，从你一直觉得相对有把握的简单情况开始，在现实世界中进行实践。不能马上成功是很正常的，不要急着缴械投降，要坚持下去。随着时间的推移，你会成功地突破自己根深蒂固的行为模式。

莱奥妮已经意识到，她的极度恐惧和不安全感使她产生了对自己没有任何好处的行为。她不仅不幸福而且大部分时间都感到不舒服，现在还有了酗酒问题。此外，她也意识到，她的惩罚性的内在审判者正在阻止她满足自己对联系、友谊以及认可和自主的需求。因此，她决定减少自己的逃避行为。要做到这一点，她首先要努力压制内在审判者的响亮声音。接下来，她要着手处理自己的应对方式。她希望今后能真实地面对他人，而不是忽视自己的需求。她可以先从哪里做起？什么才是切实可行的呢？也许她应该给她的老同学打电话，安排一次见面。每周一次的社交是必要的。然后，当烦人的邻居再次在楼梯间拦住她，因为卫生清洁而骂骂咧咧时，她可以试着不去理会他。如果她能做到这一点，她就奖励自己泡一次热水澡。平常她从来没有用这个犒劳过自己，因为总有一些突发事情出现，根本难有机会泡一次。

减少过度补偿的行为

如果你想改变自己的过度补偿倾向，就会遇到在减少其他应对方式中所出现的一切——甚至更多问题。减少过度补偿是"最高的要求"，它特别困难，也容易让人受挫。因为在这个过程中，力量、控制力、支配力等积极的感觉从一开始就直接消失了。取而代之的是，你突然要与自卑、恐惧的负面情绪斗争，而你在过去可以借助过度补偿来很好地驱散这些情绪。更糟糕的是，你可能现在才意识到，因为这种行为，你得到的不是只有受欢迎，这也不是一个令人愉快的认识。所以你要慎重考虑是否要踏上这条崎岖、坎坷的道路。或许只需要在你生活的某些领域做出改变，比如在私下里，而不是在职业上。如果你能坚持下去，突破自己的过度补偿模式，那你真的要为自己感到自豪！

但这一切是为了什么呢？如果你今天生活得相对满意，事实上就没有什么事情是我要建议你去改变的。但如果你像马克一样，在光鲜的外表之下有很长一段时间感到不舒服；如果你感到自己需要花费很大力气来掩盖潜伏在自己所有优势和自信下的孤独与不安全感；如果你经常觉得被误解和不能被理解，好像你根本不是你自己，那么你选择去经历的那些疲惫和沮丧就显得得不偿失了。

所以减少过度补偿的最大问题是动机，因为一旦没有这种应对方式，你就会觉得非常糟糕。有一个"小魔鬼"时不时就会过来对你低声说："你为什么要这么做？"回忆自己行为的缺点、损失和分离、抑郁阶段与社交恐惧，确实可以帮助你确认动机。虽然没人愿意去回想这些，但这样做很有效，你会又一次明确自己在为什么而努力。

马克并没有忘记，自己根本不知道该在生日聚会上邀请谁时是怎样的孤独和无助。真的没有人关心他吗？他把大家都赶跑了吗？他甚至没有意识到这一点。他给别人的空间真的太小了吗？他装腔作势，不允许任何人与他比肩？他忽然想起，不仅是前女友，还有其他几位亲友也曾提出过类似的批评。马克决心做出改变，他不想让别人觉得自己是个炫耀、自私的人。他所期望的只是被爱和被欣赏。但他也知道，自己不可能马上变成另一个完全不同的人。他为什么要这样做？在工作中，他到目前为止都一直受益于自己的高姿态。因此，他的改变计划仅限于私人之间的人际交往。他应该如何开始呢？重新恢复以前的联系很可能是最现实的做法。也许可以找那个把自己的想法都告诉了他的前女友，她一直对他很好，很迁就他。他想明天就给她打电话，问问她的生活情况。除此之外，他也希望在自己电话中不要吹牛、不要自大。如果他能做到这一点，他就会犒劳自己去那家一直想去的日料店。

简单地扔掉你的那件扎人的冬衣并不是解决问题的办法。你肯定需要一件新大衣，希望这次有一件舒服柔软的大衣为你抵御冬天的寒风。所以，如果你想告别过度补偿，给自己换一种新的自我保护形式是非常重要的。你不可以不加保护地把自己交给负面信息。你需要其他工具来保护自己的内心。没有人可以毫无掩护地进行战斗。

因此，要对自己宽容些：如果你时不时地回到支配的行为模式中，这也很正常。你努力解决自己的过度补偿问题，就已经证明了自己的勇气，最终也证明了自己真正的实力。

下一周的变化愿望

你决定减少使用自己的应对方式？好极了！那么是时候来填写以下的变更计划了。你可以在上面写下你对改变的愿望和其动机。要具体、切合实际。详细说出自己下周内想减少哪方面的哪种行为模式，并对此有何承诺，以及想如何奖励自己。

下一周我的应对方式的改变（练习单8）

在这种情况下，我想减少使用我的应对方式：

到目前为止，我的行为（我的应对方式）如下：

我想改变这点，因为……（我的应对方式的缺点）：

如果不采用应对方式，那么我成人自我要如何行动：

我要这样来奖励自己所做的改变：

第七节

变得更成熟

现在你知道了哪些应对方式在你身上很活跃，以及它们来自何处。最重要的是，现在你手中有了可以帮助你减少有害行为的工具。你已经了解到这并不容易，因为你长期使用这种方式来应对负面情绪并不是没有原因的。你对那些负面情绪产生的恐惧是合理的。不幸的是，你必须要有思想准备，在开始阶段你会感到孤独和虚弱。只有处理好这点，你才能把握住感受，恐惧感才会消退。努力去做吧！一段时间后你会发现，你不再害怕感知和表达自己的情感与需求。你会越来越从容地照顾好自己。你感觉自己越来越真实，生活也会变得更加丰富。

加强成人自我

在某种意义上，成人自我是十分活跃的，他是计划、指导和实施所有改变的关键。有了他，你能成功治愈或减少其他人格部分。成人自我会安慰你受伤的内在小孩，为你被宠坏的内在小孩设定界限，与内在审判者进行谈判，调节你幼稚的应对方式。

　　你可以想象一下，如果你的其他人格主导部分负责实施你的改变计划，那会是什么样子？如果你没有立即实现一切，苛刻的内在审判者会无情地对你提出过分要求，让你的承受能力达到极限，并且用负罪感和自卑感惩罚你。被宠坏的内在小孩凭着他的冲动，也许会想一下子得到所有的东西，而你不可避免地会失败，并且很快就会沮丧地缴械投降。受伤的内在小孩或许会马上要求你给他许多关怀，让你没有力气再去做别的事情。只有成人自我才能扮演调解人的角色，也只有他才能保证你会保持实事求是，量力而行，制订且执行计划。

　　给自己寻找榜样。那些拥有强大成人自我的人，即通常会在自己和他人的利益之间找到一个很好的平衡点的人，可以在这方面帮助你。他们还应该是真正喜欢你、真心想为你送上祝福的人。如果你不知道现实生活中的榜样，可以寻找虚构的榜样：电影和文学作品中都有很多人们喜欢并认同的正面人物。这里所指的并不是超级英雄，因为他们往往在自恋和完全的自我放逐之间摇摆不定。我说的是那些有一些怪癖和很多优点的、足够具有真实性的人物形象。比如，布里奇特·琼斯或《卡萨布兰卡》中的里克。[①] 搜集这些有魅力和娱乐性的形象作为内心的伴侣在必要

---

① 布里奇特·琼斯为电影《BJ单身日记》（*Bridget Jones's Diary*）中的女主人公。《卡萨布兰卡》（*Casablanca*）又译名为《北非谍影》，是由迈克尔·柯蒂斯导演的电影，获得了第16届奥斯卡金像奖最佳影片等多个奖项。——译者注

时来帮助自己，实事求是地评估情况。如果你计划在一天之内开始改变自己的饮食习惯，从现在开始每天锻炼身体，只吃健康的食物，戒酒戒烟，那么你内心的布里奇特·琼斯可能会告诉你：我已经试过了，这不会成功的。不要急于求成，不要在短时间内为自己安排太多事。你可以首先只是试试每天用一个苹果代替甜食，并放弃用薯条作为午餐。如果你能坚持一周，那就是一次可喜的成功！此时可以奖励自己和朋友们一起吃顿美餐。

如果你想不出像这样的榜样，也没关系。你并不会因此而失败，只是需要更多的支持。在这种情况下，找一个治疗师一起来开始强化成人自我是个不错的选择。

没有人是完美的！要一直记住，无论是生活还是我们自身都不是毫无瑕疵的，这对我们每个人都很重要。如果完美是你的目标，很抱歉我要让你失望了：不存在完美这种东西。如果你的计划只是让自己处于健康的成人自我状态，那么这根本不切实际。请不要制订不切实际的计划，否则最后你只会感到沮丧。

现实一点吧！千万不要忘记计算你的改变计划所要花费的精力和时间。永远不要忽视自己的资源：你的社交网络、职业机会、经济储备等。根据自己的需要设计自己的生活，但同时接受和考虑现实。你有哪些设计的可能性？可惜并不是所有的人都具备同样的前提条件。有的人有很多可以支持他们的朋友，有的人有很多时间或金钱来创造休息时间。重要的是，你要学会实事求是地看待自己发展的机会和范围，并发现如何最大限度地利用你所拥有的资源。作为一个单亲的职场母亲，你可能没有财力或缓冲时间来照顾自己的方方面面。你所感受到的压力不是来自你苛刻的内在审判者，而是来自真实的外在世界。那么当孩子们生病，而你几乎赶不上提交工作的最后期限时，那么任何好的治疗方法或咨询都无法继续帮助你。在我们的生活中，总有压力过大和要求过度的情况，这是我们无法避免的。

因此，实事求是地评估自己的生活状况和能力是非常重要的。不是每个人都能取得很高的成就。我们不必以过高标准来要求自己，那并不能让你幸福。

要对自己诚实。首先，检查你的目标是否真的代表了你的愿望和需求。然后思考这些目标是否现实，以及它们会花费自己多少时间和精力。你真的准备好做这种投入了吗？在这件事上，一定要对自己实事求是。例如，如果你高中没有毕业，现在却想获得一个大学学位，那么你应该意识到这将是多么耗时耗力的计划，尤其是在你同时还要工作的情况下。只有当你真正有动力，并愿意将原本放在别处的精力和时间投入计划中时，你才能实现合理的计划，如健康饮食和定期锻炼。尽快让自己意识到这一点。你可能要和一些梦幻城堡说再见了。虽然痛苦，但这比不断陷入失败、长期的挫折感和对自己不满的恶性循环更好。

本书的重点主要在于你的需求及如何满足它们。但我们并非独自生活在这个世界上，别人也有需求，他们也和我们有一样的权利。当我们的自由限制了他人的自由时，它就到了尽头。作为成年人，我们应该懂得体谅，把自己和别人的愿望看在眼中，并找到一个平衡点。归根结底，就是要找到尽可能让大家满意的妥协方案。如果没人愿意让步，那很多事都是无法完成的。

所以要充分考虑自己和他人。如果你已经发现了自己真正需要什么、想要什么，那很好。但请不要伤害他人。尽量不要过分要求身边的人！如果你已经决定以后要不带伴侣去和朋友们聚会，那就要慢慢让对方习惯这个想法。如果你觉得，你重视的人不能适应你的改变行为，那么请先不要急着恼怒，多给对方一些时间。这并不意味着你应该退缩，放弃自己真正需要的东西。要有耐心，不要太严苛。如果对方对此表现得无动于衷，那时再和对方谈谈也不迟。你的朋友、伴侣或亲人最终很可能会理解你的。

几乎每个人都想改变一些东西。像"我想变得更自信""我不想总是对所有事情都说好""我想更好地照顾自己"等，这样或那样不明确的计划总会盘旋在大多数人的脑海里或建议清单上。然而我们却很少真的去改变什么。若真的做了，我们在几天或几周后又会中断一切，恢复到以前熟悉的路径上。这是相当令人沮丧的。

为什么会这样？大多数人倾向于遵循这样的原则：要么全都
要，要么都不要！这种极端的想法，会让人一天之内就与所有的
东西决裂，只有极少数人才能坚持。人们想要改变的愿望往往是
美好的，但因为不够具体，所以最后就不能改变什么。针对你的
改变计划，你必须给自己列出非常详细和具体的指示。如果你的
目标足够接近你的实际行为，就会增加成功的机会。以"我要更
好地照顾自己"为例，我用以下问题说明如何让自己的目标具
体化。

- 照顾好自己，具体是什么样的？
- 我知道谁在这方面做得比较成功？我为什么会注意到这
  一点？
- 在什么情况下，我希望能更好地照顾自己？如果我在这些
  情况下更好地照顾自己，事情会是什么样子呢？他人会注
  意到这点吗？

第一步：计划改变

现在你已经更好地了解了自己的内在性格部分，并且可以问
自己：我想先改变什么？我有多么想要这个改变？这种变化估计
会让我付出多少精力和时间？而我究竟有多少塑造空间？

⊙ 想象中的行为训练 2（练习 34）

当你准备好了，并且清楚地知道自己想做什么、什么时候做及如何去做，那么是时候先在想象中尝试一下自己改变后的行为。这些练习特别适合强化健康的成人自我。比如，如果有反复让步、违背自己利益而行动的情况，就先在想象中练习直视和坚定的目光。仔细想象一下，你应该怎样表现才是最理想的，你应该说什么，怎么说，才能最终实现自己的利益，不让自己再被压制。

选择一个舒服的姿态，闭上眼睛，专注于呼吸，放松。想象一下，你下次无论如何都会换一种方式行事的情况。那时你的身体姿势是什么样的？你的声音听起来怎样？你会说什么？让这种情况如电影般在自己的内心播放一遍。这一次你在其中以成人自我的感觉来行动。

当你演播了一遍整个情形之后，你在现实中真正去尝试时则会更容易。

诺拉总是很烦恼，她经常在社交场合莫名地感觉自己不属于其中（惩罚性的内在审判者），然后就会退缩（受伤的内在小孩）。

在想象练习中，她把自己置身于一个平时对她来说很困难的

环境中：有同事要一起去喝啤酒，但没有明确地邀请她。在诺拉的想象中，她用友好的方式向同事询问，自己是否也能加入。她的同事甚至把她的外套一起带到了座位上。

现在是圣诞节期间，同事们经常在下班后进行一些娱乐活动，所以诺拉不用等很久就有机会，在现实中检验自己想象中的行为。她的行为和在想象练习中的行为一模一样……而且成功了！每个人都为诺拉的加入而高兴。以后她会问得越来越从容。诺拉也为自己感到骄傲，她已经前进了一大步。

第二步：实施改变

如果你想加强成人自我，就必须知道是什么情况激活了他，然后你应该将其更多地融入自己的日常生活中。同样重要的是，你必须针对这些活动开展计划。

如果在你印象中自己的成人自我很少活跃，你不知道什么可以推动并强化它，那么下面的清单可能会对你有所帮助。

⊙ 创建一个活动列表（练习 35） ------------------------------------

> 我的成人自我自己变得活跃起来，当我……

- 学习新的东西；

- 和好朋友聊聊生活中对我重要的事情；

- 对我自己负责；

- 锻炼身体；

- 修理东西；

- 每天写下自己今天真正做得好的事情；

- 看报纸或书；

- 做一些对自己的身体有益的事情（如瑜伽、身体护理、吃新鲜水果等）；

- 尝试新的菜谱；

- 做喜欢的事；

- 为某人解释或帮助他；

- 完成待办事项清单上的一些事，然后奖励自己；

- 给自己写一张卡片，写上喜欢自己的特点。

你的清单可能和上面的清单有相似之处。收集自己那些能鼓励或引出成人自我的活动，并写在上面。把清单贴在显眼的位置，最好是你的目光不时会触及的地方。如果你倾向于回避这样的赋能活动，那你可以尝试用某种技巧来骗过自己。很多人通过先对自己设定预约的方式，成功克服了内心的惰性。所以，尽量不要

一个人去健身房。如果你能找到一个友好的、尽可能自律的朋友
能一起去做瑜伽，你健身成功的机会就会增加很多。

行为实验是走出想象的保护，进入现实的第一步。同时很重
要的一点是，不要过高地要求自己。最好从自己本来就觉得有把
握的情况开始。例如，诺拉问丈夫或朋友，对方是否可以一起去
参加她的生日聚餐，答案很有可能是肯定的，这个问题不会让诺
拉有任何需要克服的东西。然而通过这次行为实验，她不仅认识
到有其他的选择来替代自己习惯性的有害行为，还体验到了怎样
"轻而易举"地打破自己的行为模式。

这样的实验会因情况不同而各有不同，这取决于你想改变什
么行为。练习单 9 中的问题应该能给你一点小帮助。

这一章关于强化你的成人自我。如果我们能永远这么理智，
永远能清楚看见并控制自己的情绪状态、需求与行为，永远能完
全自我统一，并在自己和他人的利益之间游刃有余地权衡和调
解，那将是最理想的状态。可惜这并不现实，成人自我的要求很
高。我们不可能一直处于成人自我的状态，但却可以越来越多地
接近并保持这一状态！

你的成人自我可能很少发声，几乎不会对你的行为有任何影
响，你需要给予他更多支持。我确信，在教练或治疗师的帮助

下，你会成功地建立和加强这一部分。

行为测验（练习单 9）

在哪些情况下，我想让成人自我主导我的行为？

我想如何具体表现？

到目前为止，我人格的哪些部分会引发问题？

在情境中，什么可以让我想起我的决心（如明信片、象征物、想象中的图像等）？

对我来说重要的人会给我怎样的鼓励？

因为我的行为实验，我想如何奖励自己？

第八节

现在，扬帆起航吧

如果你还没有看过《扬帆》（*Now, Voyager*），一定要去看看。在这部美妙的电影中，贝蒂·戴维斯饰演了一个四十多岁还一直被母亲完全控制的女人。最终，她精神崩溃了，不得不去医院。之后，医生给她开出了"出发去新的海岸"的处方，在 20 世纪 40 年代的好莱坞电影中，这句话的意思是，请乘坐邮轮去南美。在她的行李中，有些衣物来自一位充满魅力的熟人。在一个关键的场景中，她穿着迷人的丝绸礼服出现在晚宴上，白色半透明的披肩上的蝴蝶装饰闪闪发光。但她觉得穿上这件漂亮的衣服并不舒服。从每一个笨拙的动作中，每一句回绝的话语中，人们都能看出她的不安，然而越发明了的是，她才是一只蝴蝶。这件衣服非常适合这个藏在所有不安全感、被遗弃感、无价值感之下的可人儿。唯一的问题是，这只蝴蝶能离开她的茧吗？她能不能从束缚自己的模式中挣脱出来？有朝一日，在这似乎是为她量身定做，甚至是为她设计的衣物里，她会感到自信吗？好莱坞对这些问题只有一个肯定的答案。在影片的最后，我们见到了一个牢

牢掌控并安排自己的生活，让自己过得好的女人。虽然她没有得
到自己理想的爱人——这在好莱坞电影中并不常见——很令人惋
惜，但这并不是什么灾难。相反，这只能证明这个女人已变得多
么坚强。她有着现实的眼光，不必摘得星辰也能获得幸福。她能
够把生活安排得适合自己，即使不是一切都称心如意。

这也应该是我们的目标：想清楚自己是谁，需要什么，然后
尽可能地照顾好自己。我们永远无法实现所有的梦想。重要的是
接受界限和限制，对我们的生活和可能性保持现实的态度。但也
要认真对待我们需求的合理性和重要性，不要满足于那些对我们
没有好处、我们也不想要的东西。

所以，脱下"旧衣服"，丢掉所有丑陋的、不合身、不舒适
的部分，拿出勇气选择自己所爱——生活得更轻松、更有意义。

练习与练习单目录

练习

练习单